普通高等教育“十二五”系列教材（高职高专教育）

交流电机调速及变频器技术

主　编　周海波　熊　巍

副主编　徐　哲　王俊清

编　写　肖　青　黄伟林

主　审　李方园

中国电力出版社
CHINA ELECTRIC POWER PRESS

内 容 提 要

本书根据我国电气自动化控制技术的发展，结合工程实际应用编写，内容由浅入深，由易到难，介绍了交流电机调速的原理和方法，以及变频器的工作原理及运行维护。

本书分为八个模块，主要内容包括异步电动机交流调速和绕线转子异步电动机串级调速系统，变频器工作原理，变频器基本运行项目，变频器的综合控制电路，变频器的选用、安装与维护，变频器在工业上的应用。

本书可作为高职高专院校自动化类、机电类及相关专业的教材，也可供相关专业工程技术人员参考。

图书在版编目（CIP）数据

交流电机调速及变频器技术/周海波，熊巍主编．—北京：中国电力出版社，2015.2（2022.2 重印）

普通高等教育“十二五”规划教材．高职高专教育

ISBN 978-7-5123-6782-1

Ⅰ．①交… Ⅱ．①周…②熊… Ⅲ．①交流电机-变频调速-高等职业教育-教材 Ⅳ．①TM340.12

中国版本图书馆 CIP 数据核字（2014）第 288199 号

中国电力出版社出版、发行

（北京市东城区北京站西街 19 号 100005 http：//www.cepp.sgcc.com.cn）

北京九州迅驰传媒文化有限公司印刷

各地新华书店经售

*

2015 年 2 月第一版 2022 年 2 月北京第六次印刷

787 毫米×1092 毫米 16 开本 9.75 印张 234 千字

定价 20.00 元

前　言

随着社会对节能环保的要求及各行各业对自动化控制要求的不断提高，变频器的应用日益广泛。自变频器问世以来，电气传动领域发生了一场技术革命，即用成本低廉、维护方便、性能日益优良的交流调速系统取代直流调速系统。变频调速已被公认为最理想、最有发展前途的调速方式。变频器的使用不仅在节能方面有很好的效果，而且随着不断发展，变频器的应用在提高自动化水平、提高工艺水平和产品质量方面也具有重大意义。

在高校中，变频器对于自动化类及机电类专业的学生来说是一门专业核心课程。经过调研，大部分高职高专院校采用的变频器实训设备都是三菱700系列的变频器。本书在编写时以三菱FR－A700系列变频器为主线，以实用为主，从理论到实践，由浅入深地阐述了变频器调速的基本知识、变频器的基本组成及控制方式，着重讲述了变频器的操作、选用、安装及维护，以及其在风机、供水系统、机床、中央空调等方面的应用实例。考虑到部分学校的教学需求，本书还添加了异步电动机调速系统的相关知识。在内容编排上理论性较强的模块仍然采用传统的结构体系，而实践性较强的模块则采用项目驱动的结构。

本书由长江工程职业技术学院周海波、熊巍任主编，湖北水利水电职业技术学院徐哲、王俊清任副主编，参加编写的还有长江工程职业技术学院的肖青和黄伟林。本书承蒙浙江工商职业技术学院李方园教授审阅，提出了宝贵的修改意见，在此表示衷心的感谢。

限于作者水平与经验，加之时间仓促，书中疏漏与不足之处在所难免，请读者批评指正。

编　者

2015年1月

目 录

模块一　概　　述

变频调速在国内外被公认为是一种理想的调速方式。变频调速以其自身所具有的调速范围广、调速精度高、动态响应好等优点，应用于许多需要高精度速度控制的场合，以提高产品质量和生产效率。除此之外，变频器还有显著的节能效果，不仅在相关工业设备中，而且在民用产品中，也体现了节约电能、提高设备性能等方面的优势，因而得到了普遍认可和广泛应用。

知识目标

了解变频器的发展现状及未来的发展方向；熟悉掌握变频器的分类方式；了解变频器在几个方面的应用，明确变频调速在交直流调速系统中的优势地位。

技能目标

能对典型的电力电子器件进行简单地识别与测试；能根据国内外常见的变频器铭牌型号熟练区分变频器的种类。

专题1.1　变频器的发展

变频器是交流电动机的驱动器，它利用电力半导体器件的通、断将固定频率、电压的交流电变换为频率、电压连续可调的交流电来驱动交流电动机，从而使电动机调速。它与电动机之间的连接框图如图1－1所示。

直流电动机拖动和交流电动机拖动先后诞生于19世纪，距今已有100多年的历史，已成为动力机械的主要拖动技术。很长一段时间内，在不变速拖动系统或调速性能要求不高的场合，采用交流电动机，而在调速性能要求较高的拖动系统中，则主要采用直流电动机。

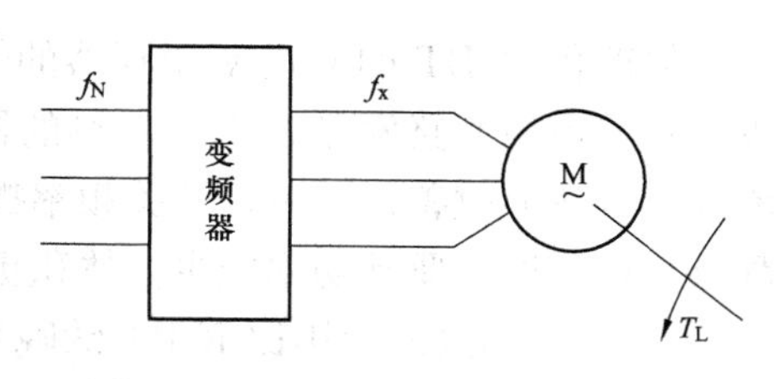

图1－1　变频器与电动机连接框图

直流调速系统因具有良好的调速性能，在过去乃至今后的一段时间内仍将被广泛使用，但直流电动机本身的换向器及电刷维护困难，有保养成本高、寿命短等不可回避的缺点，因此，随着交流变频技术的发展，直流调速系统将逐渐被交流调速系统所取代。

1. 变频调速技术的发展

20世纪60年代中期，随着普通的晶闸管、小功率管的实用化，出现了静止变频装置，它是将三相的工频电源变换后，得到频率可调的交流电。这个时期的变频装置，多为分立元件，体积大、造价高，大多是为特定的控制对象而研制的，容量普遍偏小，控制方式也很不完善，调速后电动机的静、动态性能还有待提高，特别是低速的性能不理想，因此仅用于纺织、磨床等特定场合。

20 世纪 70 年代以后，电力电子技术和微电子技术以惊人的速度发展，推动了变频调速传动技术的进步，开始出现了通用变频器。变频器功能丰富，可以适用不同的负载和场合，特别是进入 20 世纪 90 年代，随着半导体开关器件绝缘栅双极型晶体管（IGBT）、矢量控制技术的成熟，微机控制的变频调速成为主流，调速后异步电动机的静、动态特性已经可以和直流调速相媲美。进入 21 世纪以来，随着变频技术的高速发展与产品功能的拓展，变频器在电力、通信、交通等领域得到空前的发展和应用。

2. 变频器技术的发展方向

变频器技术是建立在电力电子技术基础之上的。在低压交流电动机的传动控制中，应用最多的功率器件有可关断晶闸管（GTO）、电力晶体管（GTR）、IGBT 以及智能模块 IPM（intelligent power module），它们的外形图如图 1－2 所示。IGBT、IPM 集 GTR 的低饱和电压特性和 MOSFET 的高频开关特性于一体是目前通用变频器中最广泛使用的主流功率器件。IGBT 集电极-发射极电压可小于 3V，频率可达到 20kHz，1992 年前后开始在通用变频器中得到广泛应用。其发展的方向是损耗更低，开关速度更快、电压更高，容量更大（3.3kV、1200A）。第四代 IGBT 已问世，它采用了沟道型栅极技术、非穿通技术等大幅度降低了集电极-发射极之间的饱和电压。

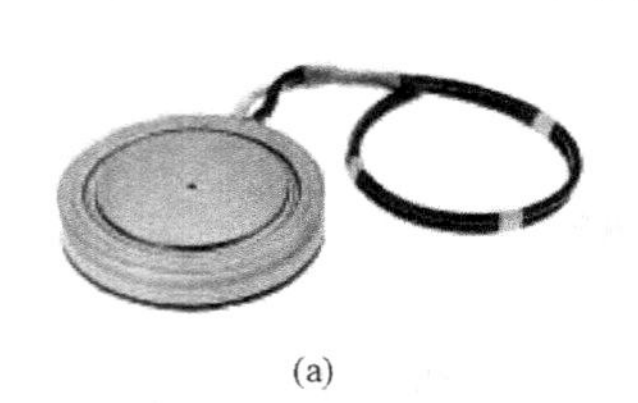

(a)

(b)

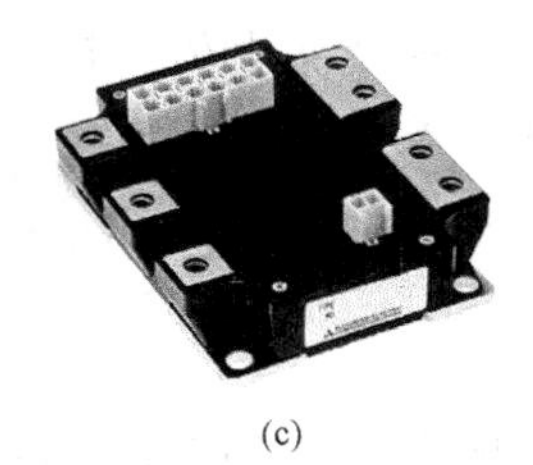

(c)

图 1－2　功率器件

(a) GTO；(b) IGBT；(c) IPM

第四代 IGBT 的应用使变频器的性能有了很大的提高。其一是 IGBT 开关器件发热减少，将曾占主回路发热 50%～70%的器件发热降低了 30%。其二是高载波控制，使输出电流波形有明显改善；其三是开关频率提高，使之超过人耳的感受范围，即实现了电机运行的静音化；其四是驱动功率减少，体积更小。

而 IPM 的投入应用比 IGBT 约晚两年，由于 IPM 包含了 IGBT 芯片及外围的驱动和保护电路，甚至还有的把光耦也集成于一体，因此是种更为好用的集成型功率器件，目前，在模块额定电流 10～600A 范围内，通用变频器均有采用 IPM 的趋向。

在现代工业和经济生活中，随着电力电子技术、微电子技术及现代控制理论的发展，变频器作为高新技术、节能技术已经广泛应用于各个领域。目前变频器技术主要发展方向如下：

(1) 高水平的控制。微处理器的进步使数字控制成为现代控制器的发展方向，随着大规模集成电路微处理器的出现，基于电动机、机械模型、现代控制理论和智能控制思想等控制策略的矢量控制、磁场控制、转矩控制、模糊控制等高水平技术的应用，使变频器控制进入了一个崭新的阶段。

(2) 网络智能化。智能化的变频器在使用前不必进行很多设定，且可以进行故障自诊断、遥控诊断及部件自动置换，以保证变频器的长寿命。

(3) 专门化和一体化。变频器的制造专门化，可以使变频器在某一领域的性能更强。如风机、水泵专用变频器、空调专用变频器、电梯专用变频器、起重机械专用变频器和张力控制专用变频器等。除此之外，变频器逐渐与电动机一体化，使变频器成为电动机的一部分，可使其体积更小、控制更方便。

(4) 环保无公害。变频器能量转换过程的低公害，使变频器在使用过程中的噪声、电源谐波对电网的污染等问题减少到最低程度。

专题1.2　变频器的分类

变频器可分类如下：

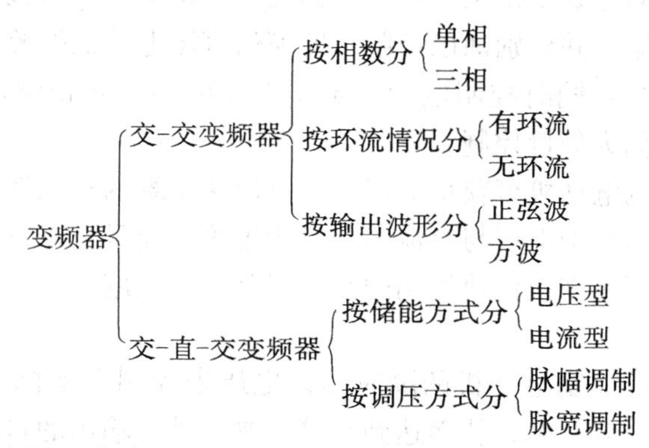

1.2.1　按变频器的原理分类

从变频器的工作原理来看，变频器可分为交-交变频器和交-直-交变频器。

1. 交-交变频器

交-交变频器用于将频率固定的交流电源直接变换成频率连续可调的交流电源，其主要优点是没有中间环节，变换效率高。但其连续可调的频率范围较窄，一般在额定频率的1/2以下（$0<f<f_n/2$），故主要用于容量较大的低速拖动系统中。

2. 交-直-交变频器

交-直-交变频器先将频率固定的交流电整流后变成直流，再经过逆变电路，把直流电逆变成频率连续可调的三相交流电，由于把直流电逆变成交流电较易控制，因此在频率的调节范围，以及变频后电动机特性的改善等方面，都具有明显的优势，目前使用最多的变频器均属于交-直-交型。

(1) 根据直流环节的储能方式来分，交-直-交变频器可分成电压型和电流型两种。

1) 电压型交-直-交变频器。整流后的中间直流环节靠电容来滤波，目前使用的变频器大部分为电压型交-直-交变频器。

2) 电流型交-直-交变频器。整流后的中间直流环节靠电感来滤波，目前已较少使用。

(2) 根据调压方式的不同来分，交-直-交变频器又可分成脉幅调制和脉宽调制型两种。

1) 脉幅调制（PAM）型变频器。变频器输出电压的大小是通过改变直流电压来实现的，现在已很少使用。

2）脉宽调制（PWM）型。变频器输出电压的大小是通过改变输出脉冲的占空比来实现的。目前使用最多的是占空比按正弦规律变化的正弦波脉宽调制（SPWM）方式，也是以下重点讲解的调制方式。

1.2.2 按变频器的控制方式分类

按不同的控制方式，变频器可分为变频变压（U/f）控制、矢量控制和直接转矩控制三种。

1. 变频变压控制

U/f 控制也称压频比控制，是对变频器输出的电压和频率同时进行控制，通过保持 U/f 恒定使电动机获得所需的转矩特性。这种方式控制成本低，多用于精度要求不高的通用变频器。

2. 矢量控制

根据交流电动机的动态数学模型，利用坐标变换，将交流电动机的定子电流分解成磁场分量电流和转矩分量电流，并分别加以控制。即模仿直流电动机的控制方式对电动机的磁场和转矩分别进行控制，必须同时控制电动机定子电流的幅值和相位，也可以说控制电流矢量，故这种控制方式被称为矢量控制。

通过矢量控制，交流电动机可获得类似于直流调速系统的动态性能。矢量变频器应用于异步电动机，不仅在调速范围上可与直流电动机相媲美，而且可以直接控制异步电动机转矩的变化，所以在许多需要精密或快速控制的领域得到了广泛应用。

3. 直接转矩控制

直接转矩控制是通过控制电动机的瞬时输入电压来控制电动机定子磁链的瞬时旋转速度，改变它对转子的瞬时转差率，从而达到直接控制电动机输出的目的。

1.2.3 按变频器的用途分类

根据用途的不同，变频器可分为通用变频器和专用变频器，如下所示：

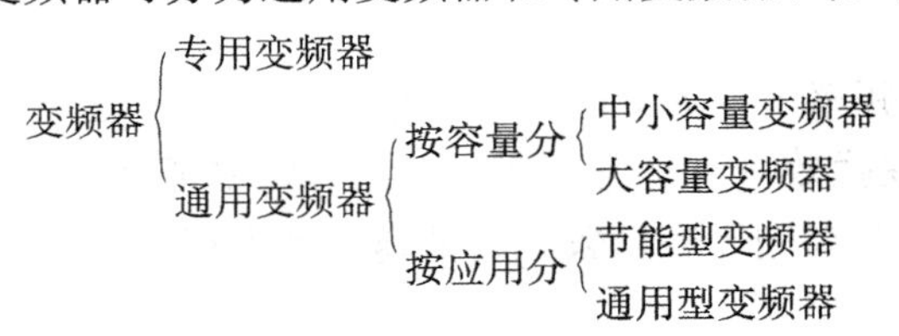

1. 通用变频器

通用变频器是变频器家族中数量最多、应用最广泛的一种，也是本书讲解的主要类型。根据其容量分大容量和中小容量两种，大容量主要用于冶金工业的一些低速场合。常见的中小容量变频器主要有通用型变频器和节能型变频器两大类。

（1）通用型变频器。通用型变频器主要用于生产机械的调速。生产机械对调速性能要求往往较高，如果调速效果不理想会直接影响到产品的质量，所以通用型变频器必须使变频后电动机的机械特性符合生产机械的要求。因此这种变频器功能较多，价格也较贵。它的控制方式除了采用 U/f 控制，还使用了矢量控制技术，因此，在各种条件下均可保持系统工作的最佳状态。除此之外，高性能的变频器还配备了各种控制功能，如 PID 调节、PLC 控制、PG 闭环速度控制等，为变频器和生产机械组成的各种开、闭环调速系统的可靠工作提供了技术支持。

（2）节能型变频器。由于节能型变频器的负载主要是风机、泵类二次方率负载，它们对调速性能的要求不高，因此节能型变频器的控制方式比较单一，一般只有 U/f 控制，功能简单，价格相对便宜。

2. 专用变频器

（1）高性能专用变频器。随着电力电子、交流调速理论和自动控制理论的发展，异步电动机的矢量控制技术得到了发展，矢量控制变频器及专用电动机构成的交流伺服系统已经达到并超过了直流伺服系统。此外，由于异步电动机还具有环境适应性强、维护简单等许多直流伺服系统所不具备的优点，在要求高速、高精度的控制中，这种高性能交流伺服变频器正在逐步取代直流伺服系统。

（2）高频变频器。在超精度机械加工中常采用高速电动机。为了满足其驱动要求，出现了采用 PAM 控制的高频变频器，输出主频高达 3kHz，驱动两极异步电动机的最高转速为 18 000r/min。

专题 1.3　变频器的应用

变频调速的应用主要体现在以下几个方面：

（1）变频器在节能方面的应用。采用变频调速后，风机、泵类负载的节能效果最明显，节电率可达到 20%～60%，这是因为风机、水泵的耗用功率与转速的三次方成正比，当用户需要的平均流量较小时，风机、水泵的转速较低，其节能效果显著。据不完全统计，我国已经进行变频改造的风机、泵类负载约占总容量的 5%以上，年节电约 400 亿 kWh。由于风机、水泵、压缩机采用变频调速后，可以节省大量电能，所需的投资在较短时间内就可以收回，因此在这一领域中，变频调速应用得最多。目前应用较成功的有恒压供水、中央空调、各类风机、水泵的变频调速。

（2）变频器在自动化系统的应用。由于控制技术的发展，变频器除了具有基本的调速控制功能之外，还具有多种算术运算和智能控制功能，输出频率精度高达 0.1%～0.01%。它还设置有完善的检测、保护环节，因此在自动化控制系统中得到了广泛的应用，例如化纤工业中的卷绕、拉伸、计量、导丝；玻璃工业中的平板玻璃退火炉、玻璃窑搅拌、拉边机；电弧炉自动加料、配料系统及电梯的智能控制系统等。

（3）变频器在提高工艺水平和产品质量方面的应用。变频调速除了应用于风机、泵类负载外，还广泛应用于传送、卷绕、起重、挤压、机床等各种机械设备控制领域。它可以提高企业的成品率，延长设备的正常工作周期和使用寿命，使操作和控制系统得以简化，有的甚至可以改变原有的工艺规范，提高整个设备的控制水平。

思考与练习

1-1　什么是变频器？变频器的作用是什么？

1-2　变频器的未来发展方向是什么？

1-3　变频器有哪些种类？其中电压型变频器和电流型变频器的主要区别在哪里？

1-4　简述变频器的主要应用场合。

模块二 异步电动机交流调速系统

20世纪70年代以来，随着电力电子技术和控制技术的飞速发展，使得交流调速性能可以与直流调速相媲美、相竞争。交流调速逐步代替直流调速的时代已经到来，交流电动机调速系统已从原来作为直流电动机调速系统的补充手段，发展到已在大部分场合取而代之的应用状态。

知识目标

认识交流调速系统的发展、特点以及分类方法，学习交流调速的原理和技术方法。

技能目标

掌握交流调速分类中的调压调速的原理、调速系统组成，以及相应的调速方法和调速技术。

专题2.1 交流调速系统概述

2.1.1 交流调速系统的特点

对于可调速的电力拖动系统，工程上往往将其分为直流调速系统和交流调速系统两类。这主要是根据采用什么电流制型式的电动机来进行电能与机械能的转换而划分的，所谓交流调速系统，就是以交流电动机作为电能-机械能的转换装置，并对其进行控制以产生所需要的转速。交流调速系统的特点如下：

(1) 交流电动机具有更大的单机容量。

(2) 交流电动机的运行转速高且耐高压。

(3) 交流电动机的体积小，结构简单、经济可靠、惯性小。

(4) 交流电动机坚固耐用，可在恶劣环境下使用。

(5) 调速装置方面，计算机技术、电力电子器件技术的发展，新控制算法的应用，使交流电动机调速装置反应速度快、精度高且可靠性高，达到与直流电动机调速系统同样的性能指标。

(6) 在风机、泵类负载拖动领域，交流调速节能效果显著。

2.1.2 交流电动机调速系统的现状

(1) 从中小容量等级发展到大容量、特大容量等级，填补了直流调速系统特大容量电机调速的空白。

(2) 交流调速系统已具备较高的可靠性和长期连续运行能力，能满足实际工况对可靠性要求高、长期不停机检修等特殊要求。

(3) 控制装置设计可以达到与直流调速控制同样良好的控制性能，交流电动机设计可以满足各种工业现场，实现了交流电动机调速系统的高性能、高精度转速控制。

(4) 交流电动机调速系统已从原来作为直流电动机调速系统的补充手段，发展到在大部分场合取而代之的应用状态。

2.1.3　交流电动机调速系统的技术发展趋势

从 20 世纪 30 年代开始，人们就致力于交流调速技术的研究，然而进展缓慢。在相当长的时期内，在变速传动领域，直流调速一直以其优良的性能领先于交流调速。60 年代以后，特别是 70 年代以来，电力电子技术和控制技术的飞速发展，使得交流调速性能可以与直流调速相媲美、相竞争。目前，交流调速已逐步代替直流调速，其趋势可概括如下。

(1) 新型开关元件和储能元件的研制。

(2) 最新控制思想、控制算法、控制技术不断应用于交流调速产品。

(3) 控制装置设计可靠性越来越高，不断解决瞬时停电后的装置安全及恢复正常问题。

(4) 高运算速度、高控制性能的微型计算机产品在现代交流调速装置中不断应用，充分显示了现代控制手段的优越性。

(5) 进行大容量、特大容量等级的新型交流调速电动机技术研究，同时也在进行结构精巧的高效能、高精度交流控制电机技术研究。

2.1.4　交流调速系统分类

交流电动机主要分为异步电动机和同步电动机两大类。交流异步电动机的调速方式通常按以下三种方式分类。

1. 按电动机转速公式分类

电动机转速公式为

$$n=\frac{60f}{p}(1-s)；\ n_1=\frac{60f}{p} \tag{2-1}$$

式中　p——电动机定子绕组的磁极对数；

f——电动机定子电压供电频率；

s——电动机的转差率；

n_1——电动机的同步转速。

从式 (2-1) 中可以看出，调节交流异步电动机的转速有三大类方案。

(1) 变级调速（改变 p）。应用：双速电机，两挡速度。

(2) 变转差率调速（改变 s）。应用：调压调速，采用晶闸管，应用于窄范围无级变速；转子串电阻调速，有级变速；串级调速，采用晶闸管，应用于绕线式异步电动机无级变速。

(3) 变频调速（改变 f）。应用：全控型电力电子器件宽范围无级变速。

2. 按电动机类型分类

根据交流异步电动机的类型不同，交流调速系统可分为：

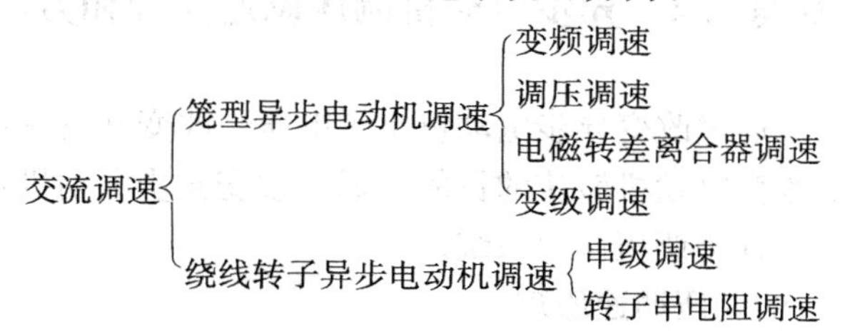

3. 按对电动机转差功率 P_s 的处理方式分类

根据交流异步电动机的基本原理知，从定子传递给转子的电磁功率 P_{em} 可分为两部分：一部分是拖动负载的有效功率 $P_m=(1-s)P_{em}$；另一部分是转差功率 $P_s=sP_{em}$。根据电动机转差功率的去向来区分，交流调速系统可分为三类：

(1) P_s 消耗型调速系统：P_s 全部转换为热能消耗在转子回路中。调压、电磁转差离合器调速、绕线转子异步电动机转子串电阻调速方法属于这一类。

(2) P_s 回馈型调速系统：除转子铜耗外，大部分 P_s 通过变流装置转换为有用功率。串级调速方法属于这一类。

(3) P_s 不变型调速系统：P_s 只有转子铜耗，且无论转速高低，P_s 基本不变。变频、变极调速方法属于这一类。

在交流异步电动机调速系统中，各种调速方法各有用途，目前应用最普遍的是笼型异步电动机变压变频调速。同步电动机没有转差功率，故其调速属于转差功率不变（恒等于 0）型的，只能靠变压变频调速。

2.1.5 交流电动机调速系统的应用

(1) 风机、水泵、压缩机耗能占工业用电的 40%，进行变频、串级调速，可以节能。

(2) 对电梯等垂直升降装置调速实现无级调速，运行平稳。

(3) 纺织、造纸、印刷、烟草等各种生产机械，采用交流无级变速，提高产品的质量和效率。

(4) 钢铁企业在轧钢、输料、通风等多种电气传动设备上使用交流变频传动。

(5) 有色冶金行业，如冶炼厂对回转炉、焙烧炉、球磨机、给料等进行变频无级调速控制。

(6) 油田利用变频器拖动输油泵控制输油管线输油。此外，在炼油行业变频器还应用于锅炉引风、送风、输煤等控制系统。

(7) 变频器用于供水企业、高层建筑的恒压供水。

(8) 变频器在食品、饮料、包装生产线上被广泛使用，用以提高调速性能和产品质量。

(9) 变频器在建材、陶瓷行业也获得大量应用，如水泥厂的回转窑、给料机、风机均可采用交流无级变速。

(10) 机械行业是企业最多、分布最广的基础行业，从电线电缆的制造到数控机床的制造，电线电缆的拉制需要大量的交流调速系统。一台高档数控机床上就需要多台交流调速甚至精确定位传动系统，主轴一般采用变频器调速（只调节转速）或交流伺服主轴系统（既可实现无级变速又使刀具准确定位停止），各伺服轴均使用交流伺服系统，各轴联动完成指定坐标位置移动。

专题 2.2 异步电动机调压调速原理和方法

所谓调压调速，就是通过改变异步电动机定子电压来改变其机械特性的函数关系，从而达到在一定输出转矩下改变电动机转速的目的。通过改变异步电动机定子电压来实现异步电动机转速可调的控制系统称为调压调速系统。

2.2.1 异步电动机的调压调速原理

异步电动机的机械特性方程式为

$$T_e=\frac{3pU_1^2R'_2/s}{\omega_1\left[(R_1+R'_2/s)^2+\omega_1^2(L_{l1}+L'_{l2})^2\right]} \tag{2-2}$$

式中 p——电动机的极对数；

R_1、R'_2——定子每相电阻和折合到定子侧的转子每相电阻；
L_{L1}、L'_{L2}——定子每相漏感和折合到定子侧的转子每相漏感；
U_1——定子相电压；
ω_1——供电角频率；
s——转差率。

可见，当转差率 s 一定时，电磁转矩与定子电压的二次方成正比，这就说明不同的定子电压可以得到一组不同的人为机械持性，如图 2-1 所示。带恒转矩负载时，可得到不同的稳定转速（见图中的 A、B、C 点）。由于普通异步电动机工作段的转差率 s 很小，因此对轻负载来说，调速范围很小。但是，对风机、泵类负载，由于其负载特性为 $T_L=kn^{\alpha}$（$\alpha>1$），故采用调压调速可得到较大的调速范围（见图中的 D、E、F 点）。

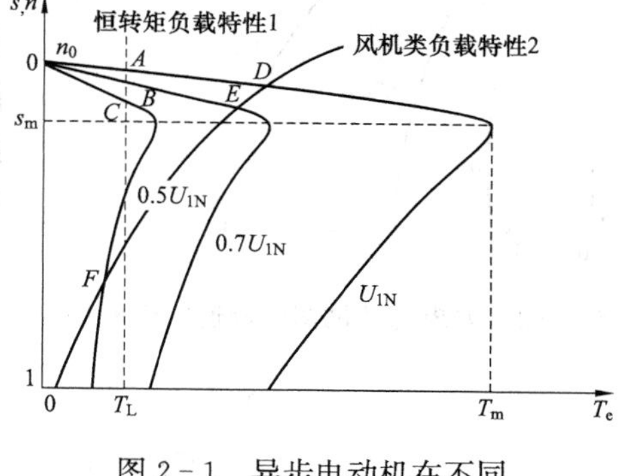

图 2-1　异步电动机在不同电压下的机械特性

1. 机械特性

(1) 不同电压时，空载转速 n_0 不变，即

$$n_0=n_1=\frac{60f}{p}$$

式中　n_1——同步转速；
p——极对数。

(2) 不同电压时，临界转差率 s_m 不变，即

$$s_m=\frac{R'_2}{\sqrt{R_1^2+(L_{L1}+L'_{L2})^2}}$$

(3) 调压调速属于弱磁调速，磁通量公式为

$$\Phi_m\approx\frac{U_1}{4.44f_1N_sK_N}$$

式中　N_s——线圈匝数；
K_N——比例系数。

(4) 调压调速的稳定工作范围为 $0<s<s_m$，调速范围小，风机、泵类负载调速范围可以大一些。

2. 调速范围

由图 2-1 可见，当负载 T_L 为恒转矩负载时，普通笼型电动机工作点定在 A、B、C 点，改变定子电压能实现调速，且机械特性也硬，但是转差率 s 的变化范围限制在 $0\sim s_m$，调速范围有限，无法实现低速运行。为了扩大恒转矩负载的调速范围，应设法增大 s_m。增大 s_m 可通过增大转子电阻的方法来解决，即采用具有较高转子电阻的电动机。图 2-2 为高转子电阻电动机调压时的人为特性，这种电动机又称为交流力矩电动机，其调速范围扩大，但是机械特性变得很软，负载变化使的静差率很大，低速时过载能力较低，难以满足生产机械的要求。因此，调压调速要获得较好的调速特性，应引入速度负反馈构成闭环系统。

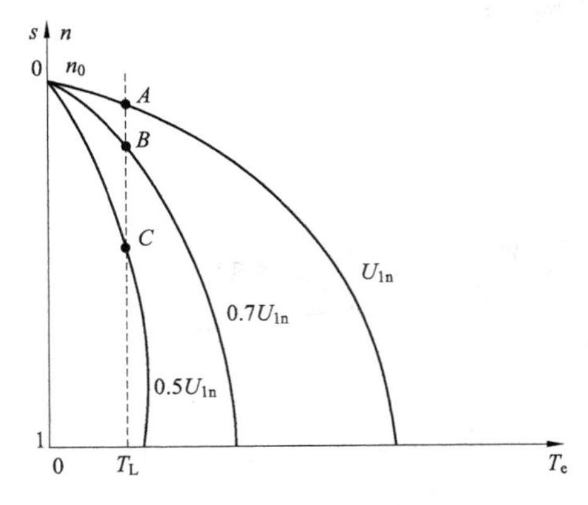

图 2-2 力矩电动机调压调速的机械特性

2.2.2 异步电动机的调压调速方法

交流调压调速是一种比较简便的调速方法。供电电源大都直接取自工频三相 380V 交流电网，为了获得可调电压，必须加上调压器。过去主要是利用自耦变压器（小容量时）或饱和电抗器串在定子三相电路中来实现调压，其原理图如图 2-3（a）和图 2-3（b）所示。饱和电抗器是带有直流励磁绕组的交流电抗器，改变直流励磁电流可以控制铁心的饱和程度，从而改变交流电抗值。当铁心饱和时，交流电抗很小，因而电动机定子电压高；当铁心不饱和时，交流电抗变大，因而定子电压降低，实现降压调速。

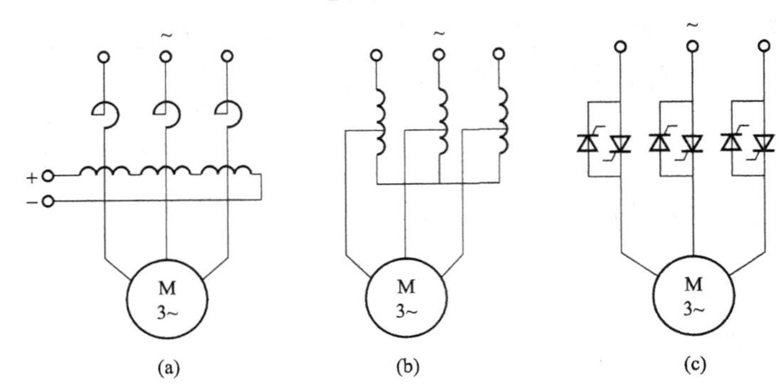

图 2-3 异步电动机调压调速原理图

（a）串饱和电抗器调压；（b）串自耦变压器调压；（c）晶闸管调压

自从电力电子技术发展起来后，晶闸管几乎不消耗铜、铁材料，体积小、质量轻、惯性小、控制方便，因此用晶闸管组成的调压器很快成为自动交流调压器的主要形式，如图 2-3（c）所示。晶闸管交流调压器采用三对反并联的晶闸管或两个双向晶闸管调节电动机定子电压，调速方法比较如下。

（1）自耦变压器调压：用于小容量电动机，体积大、质量重。

（2）带直流磁化绕组的饱和电抗器调压：控制铁心电感的饱和程度改变串联阻抗，体积大、质量重。

（3）晶闸管交流调压：用电力电子装置调压调速，体积小，轻便。

专题 2.3 闭环控制的异步电动机调压调速系统

2.3.1 闭环调压调速系统的组成

调压调速开环控制的缺点：采用普通电动机调速范围窄；采用力矩电动机时，调速范围虽然可以大一些，但机械特性变软，负载变化时的静差率大。为了提高调压调速系统机械特性的硬度及电动机转速的稳定性，常采用闭环控制系统。

图 2-4（a）所示为转速负反馈闭环交流调压调速系统原理图。该系统由速度调节器

(ASR)、晶闸管调压器、测速反馈装置和异步电动机组成。改变给定电压 U_n^* 的大小，就可以改变电动机的转速 n。由于某种因素使电动机转速发生变化时，系统可自动调节电动机的转速而维持速度稳定。

图 2-4 (b) 所示为该调速系统的静特性，这样的静特性由于具有一定的硬度，所以不但能保证电动机在低速下稳定运行，而且提高了调速的精度，扩大了调速范围。

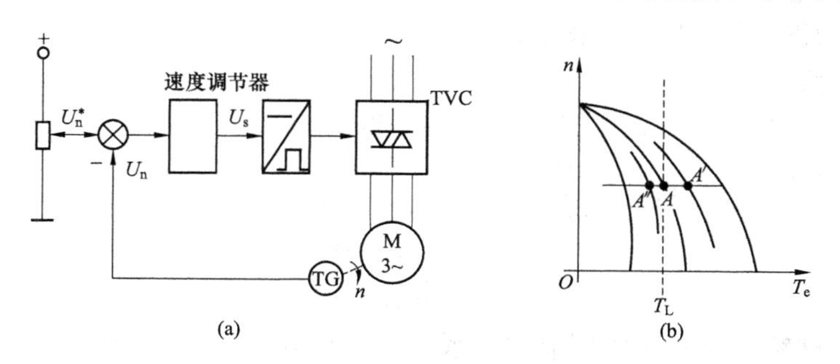

图 2-4　转速负反馈闭环控制的交流调压调速系统

(a) 原理图；(b) 静特性

2.3.2　闭环调压调速系统的静特性分析

根据图 2-4 (a) 所示的系统原理图可画出闭环调压调速系统的静态结构框图，如图 2-5 所示。

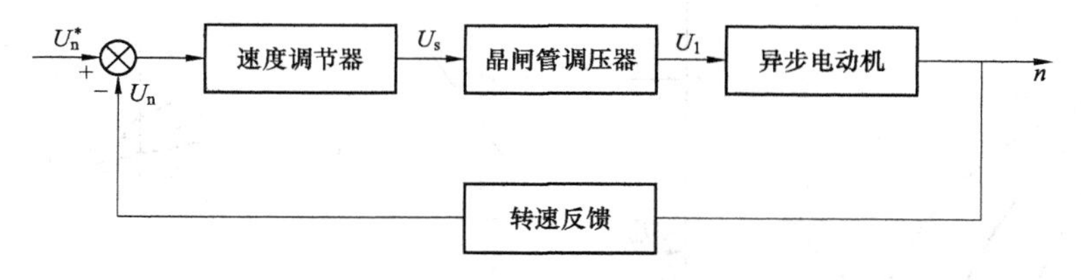

图 2-5　闭环调压调速系统静态结构框图

根据图 2-5，可以写出各控制环节的输入输出量的关系

$$U_s=K_n(U_n^*-U_n)$$
$$U_1=K_sU_s \tag{2-3}$$
$$U_n=an$$

式中　K_n——速度调节器的静态放大倍数；

K_s——调节器（包括触发器）的放大倍数；

a——转速负反馈系数。

联立推得

$$U_1=K_sK_n\ (U_n^*-an)\ =K_sK_n[U_n^*-an_1\ (1-s)] \tag{2-4}$$

式中　n_1——异步电动机的同步转速。

根据异步电动机机械特性的实用表达式，当电动机在额定负载以下运行时，转差率 s 很小，$s/s_{cr} \ll s_{cr}/s$，故电磁转矩为

$$T_e=\frac{2T_{cr}}{s_{cr}/s+s/s_{cr}}\approx\frac{2T_{cr}}{s_{cr}}s \tag{2-5}$$

在忽略定子电阻 R_1 的条件下，可得到电动机的临界转矩为

$$T_{cr}=3pU_1{}^2/(2\omega_1 X_k) \tag{2-6}$$

式中 3——电动机的定子相数；

U_1——电动机的定子电压；

X_k——异步电动机的短路电抗；

ω_1——电动机定子电压的角频率；

p——极对数。

将式（2－4）和式（2－6）代入式（2－5）得

$$T_e=2\frac{3pU_1^2}{2\omega_1 X_k}\times\frac{s}{s_{cr}}\approx\frac{3pK_n^2K_s^2}{\omega_1 X_k s_{cr}}[U_n^*-an(1-s)]^2s=K[U_n^*-an_1(1-s)]^2s \tag{2-7}$$

$$K=\frac{3pK_n^2K_s^2}{\omega_1 X_k s_{cr}}$$

在已知电动机参数和系统各环节放大系数后，由式（2－7）即可求得在不同给定电压 $U_n{}^*$ 时调压调速系统的静特性。引入转速负反馈显然使系统静特性的硬度大大提高了。而影响调速精度的主要因素是 a、K_n、K_s，这些参数的选择与直流调速系统类似。

从物理概念上分析，对速度闭环系统，设开始时给定电压为 $U_{n1}{}^*$，负载转矩为 T_L，系统工作在特性⑤的 a 点上，如图 2－6 所示。

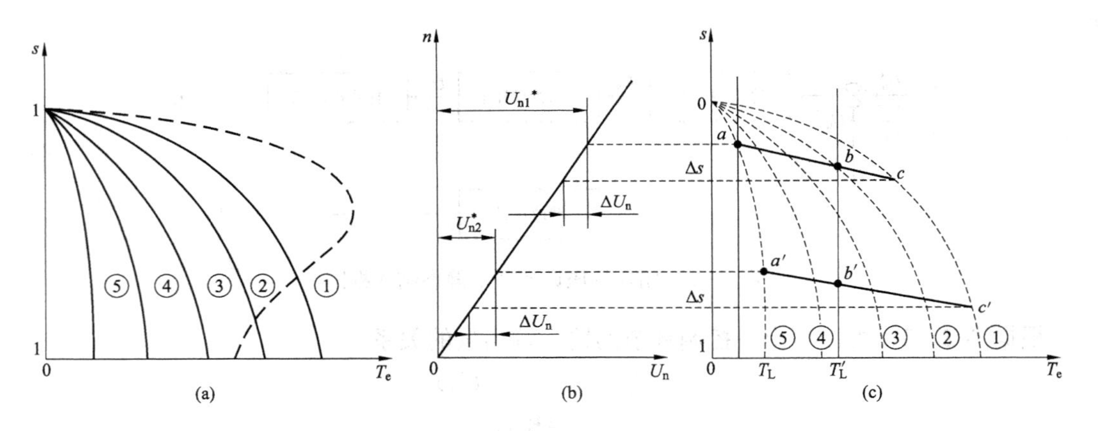

图 2－6 调压调速系统静态特性曲线

（a）s—T_e 曲线；（b）n—U_n 曲线；（c）新的 s—T_e 曲线

如果负载转矩增至 T_L'，这时电动机的转速必然下降，速度反馈电压 U_n 随之下降，放大器输入电压升高，使晶闸管的触发脉冲前移，调压器的输出电压增高，使电动机过渡到较高电压的机械特性②上运行于 b 点。这时电动机输出的转矩增大，以平衡增大了的负载转矩 T_L'。

采用闭环控制时，当负载发生变化后，通过速度反馈，自动控制加在电动机定子上的电压高低。系统的闭环静特性实际上是在各个不同的电压对应的机械特性上各取一点，由此组成的一条新的、比较硬的 $s=f(T_e)$ 特性，如图 2－6（c）中的直线 abc 及 $a'b'c'$ 所示。

2.3.3 调压调速系统中的能耗

由异步电动机的运行原理可知：当电动机定子接入三相交流电源后，定子绕组中建立的

旋转磁场使转子绕组中感应出电流，两者相互作用产生电磁转矩 T_e；使转子加速，直到稳定在低于同步转速 n_1 的某一转速 n，由于旋转磁场和转子承受同样的转矩，但具有不同的转速，因此在传到转子上的电磁功率（P_{em}）与转子轴上产生的机械功率（P_M）之间存在功率差 P_s为

$$P_s=P_{em}-P_M=\frac{1}{9550}T_en_1-\frac{1}{9550}T_en=\frac{1}{9550}T_e(n_1-n)=sP_{em} \tag{2-8}$$

式中　P_s——转差损耗，它将通过转子导体发热而消耗掉，即 $P_s=P_{Cu2}$。

在异步电动机的能量转化过程中，除了转差功率外，电动机中还存在其他能量损耗，不过对调压调速系统来说，特别是在低转速时，转差功率占主要成分。因此如果忽略其他损耗，则电动机的效率为

$$\eta=\frac{P_2}{P_1}\approx\frac{P_M}{P_{em}}=\frac{n}{n_1}=1-s \tag{2-9}$$

从电动机的效率表达式可见，随着转速的降低，转差功率增大，效率降低。又由式（2-9）和式（2-8）可得，转差损耗近似为

$$P_s=sP_{em}\approx\frac{s}{1-s}P_M=\frac{1}{9550}\times\frac{s}{1-s}T_Ln \tag{2-10}$$

下面按不同的负载特点来考虑转差损耗情况。负载特性可用式（2-11）表示，即

$$T_L=Cn^{\alpha} \tag{2-11}$$

式中　C——常数；

α——转矩曲线的形状系数。

如果 $\alpha=0$，则表示为恒转矩负载；$\alpha=1$，则表示为转矩与转速成比例的负载；$\alpha=2$，则表示为转矩与转速二次方成正比的负载（如风机负载特性）；$\alpha=-1$，则表示为恒功率负载。将式（2-11）代入式（2-10），可得

$$P_s=\frac{1}{9550}\times\frac{s}{1-s}Cn^{\alpha+1}=Kn_1^{\alpha+1}s(1-s)^{\alpha} \tag{2-12}$$

式中　K——比例系数，$K=C/9550$。

电动机输出机械功率为

$$P_M=\frac{T_Ln}{9550}\times\frac{s}{1-s}Cn^{\alpha+1}=Kn^{\alpha+1} \tag{2-13}$$

由式（2-13）和式（2-14）可知，当 $s=0$ 时，转差损耗为零，这时可得电动机最大机械功率为

$$P_{M,max}=Kn_1^{\alpha+1} \tag{2-14}$$

用式（2-13）除以式（2-14），得

$$\frac{P_s}{P_{M,max}}=s(1-s)^{\alpha} \tag{2-15}$$

式中　$\frac{P_s}{P_{M,max}}$——电动机的转差损耗系数，表示转差损耗对调速拖动装置的最大输出机械功率的比值，此比值越大，能耗越大，运行越不经济。

根据式（2-15）可以画出不同 α 时的转差损耗系数曲线，如图 2-7 所示，由图可以看出，电动机的转差损耗系数是随 s 而变化的。除 $\alpha=-1$ 对应的曲线之外，对式（2-15）求导，并令导数为零，可求出产生最大转差损耗系数时的转差率为

$$s=\frac{1}{1+\alpha} \tag{2-16}$$

则相应的转差损耗系数为

$$\frac{P_s}{P_{M,max}}=\frac{\alpha^\alpha}{(1+\alpha)^{\alpha+1}} \tag{2-17}$$

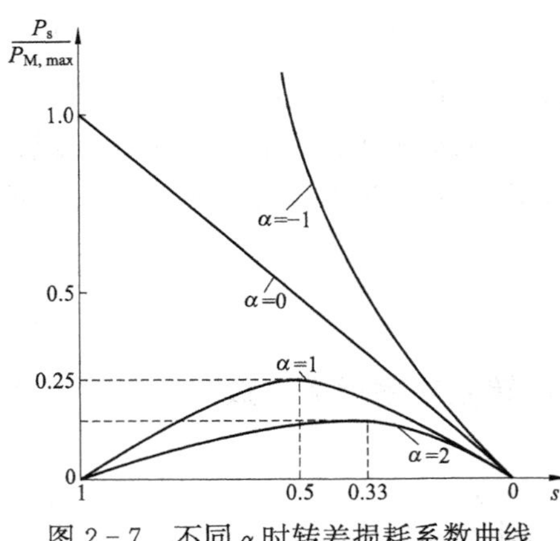

图 2-7 不同 α 时转差损耗系数曲线

对式（2-16）和式（2-17）赋予 α 不同数值，所得结果见表 2-1，由表可见，最大转差损耗系数是随 α 的增大而减小的，所以调压调速适用于风机、泵类负载；而对于恒转矩负载，则不宜长期低速运行。

表 2-1 转差损耗系数计算结果

α	0	1	2
s	1	0.5	0.33
$\frac{P_s}{P_{M,max}}$	1	0.25	0.148

2.3.4 电磁转差离合器调速系统

在交流调速系统中，有一种控制性能与调压系统相似的电磁转差离合器调速系统。这种调速系统以其装置简单、运行可靠等优点，广泛应用于工业生产中。

电磁转差离合器调速系统又称为滑差电动机调速系统，由笼型异步电动机、电磁转差离合器以及控制装置组合而成。为改善其运行特性，常加上测速反馈以形成反馈控制系统。笼型异步电动机作为原动机以恒速带动电磁离合器的电枢转动，通过对电磁离合器励磁电流的控制实现对其磁极的转速调节。

1. 电磁转差离合器的基本结构

从结构上说，电磁转差离合器可分为单枢感应式和单枢爪式两种。它们的工作原理相同，区别在于同极性磁场分布还是异极性磁场分布；因为磁路的机座材料也有所不同，前者用低碳钢，后者可用铸铁。图 2-8 所示为单枢感应式电磁转差离合器的结构示意图。它主要由电枢、机座、磁极、励磁绕组、导磁体组成，一般可与交流原动机与测速发电机装成一个整体。图 2-8 中，1 是直流励磁绕组，由控制装置送来的可变直流供电，产生固定磁场。2 是机座，它既是离合器的结构体又是磁路的一部分。3 是电枢，为圆筒形实心钢体，兼有导磁、导电作用，电枢直接固连在作为原动机的异步电动机 5 的轴承上，作为主动转子，转速与拖动它的异步电动机相同。运行时，在电枢中感应电动势并产生涡流，在电枢上同时还铸有风叶，以获得良好的散热效果。4 是磁极，在单电枢感应式结构中，它是齿轮形，由低碳钢铸成，因此也称为齿极。

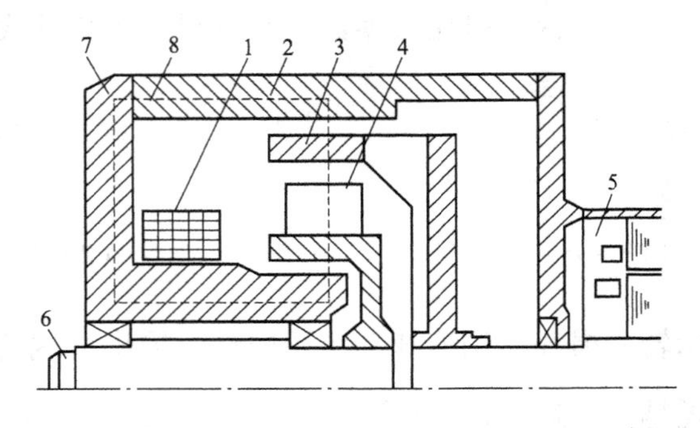

图 2-8 单枢感应式电磁转差离合器原理结构图

1—直流励磁绕组；2—机座；3—电枢；4—磁极；5—异步电动机；6—从动轴；7—磁导体；8—磁力线

磁极作为从动转子固定在从动轴 6 上而输出转矩，在机械上与电枢无连接，借助气隙分开。5 是异步电动机，作为原动机可与电磁转差离合器组成一个整体。7 是磁导体，既是结构体又是磁路的一部分。6 是从动轴，用来输出机械转矩。

2. 电磁转差离合器的工作原理

如图 2－9 所示，异步电动机带着主动轴及电枢以速度 n_1 旋转，当励磁绕组有励磁时，磁极与电枢之间出现磁场，此时电枢运动切割磁力线，电磁感应产生涡流，涡流的磁场与磁极相互吸引，使得磁极沿着电枢的旋转方向转动，带着从动轴转动，因此，从动轴随主动轴运动。

但从动轴的转速始终低于 n_1，因为若没有 n_1-n 这个转速差，那么电枢中就不可能产生涡流，也就没有电磁转矩了。同样，当磁极中不通以励磁电流时，磁极也就不会转动，这相当于接在从动轴上的工作机械与主动轴“分离”；而一旦通上电流，磁极就会转动，相当于工作机械与主动轴“接合”，从而起到离合器的作用。因为这种“分离”和“接合”都是靠电磁作用产生的，故称为电磁转差离合器。将它与异步电动机合起来可称为滑差电动机。必须指出，电磁转差离合器本身并不是一个原动机，它只是一种传递功率的装置。

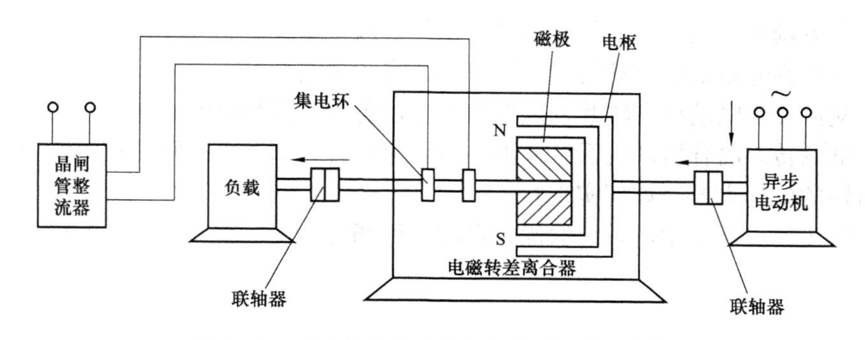

图 2－9　电磁转差离合器调速系统工作原理图

3. 滑差电动机调速系统的组成及机械特性

在不加反馈控制时，调速系统的机械特性就是电磁转差离合器的机械特性。由于转差离合器的工作原理与异步电动机相似，所以它们两者的调速特性也相似。图 2－10 为电磁转差离合器的机械特性。

这是不同励磁电流时的机械特性，也可用经验公式表示为

$$n=n_1-K\frac{T_e}{I_L^4} \tag{2-18}$$

式中　n_1——原动机的同步转速；

T_e——电磁转差离合器轴上的输出转矩；

I_L——电磁转差离合器的励磁电流；

K——与电磁转差离合器结构有关的参数。

从图 2－10 可知，滑差电动机的机械特性很软，所以调速性能很差。与调压调速系统一样，在工业上使用时都加以转速反馈控制（见图 2－11），从而可获得 10∶1 的调速范围。

由于具有速度负反馈的滑差电动机调速系统控制简单、价格低廉，因此广泛应用于一般的工业设备中。但由于它在低速运行时损耗较大、效率较低（高速运行时，效率仅为80％～85％），所以特别适用于要求有一定调速范围又经常运行在高速的装置。

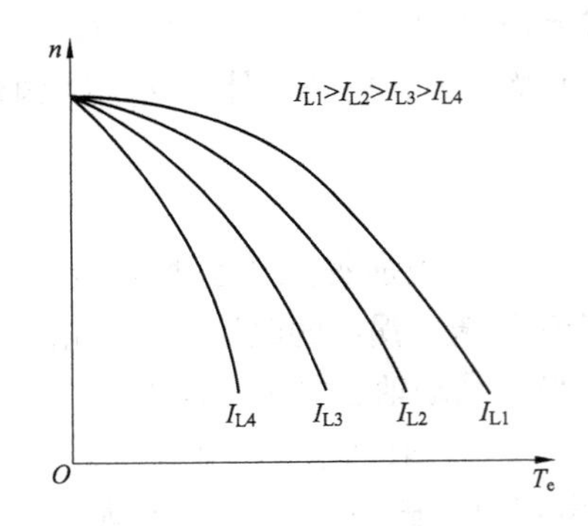

图2-10 电磁转差离合器机械特性

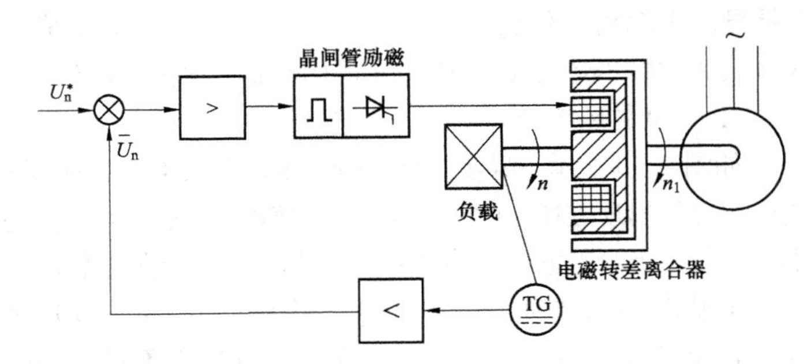

图2-11 具有速度负反馈的滑差电动机调速系统

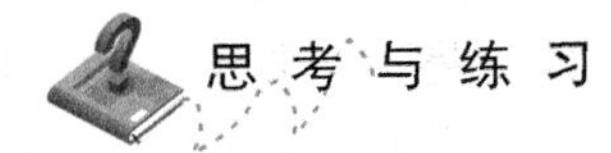

2-1 交流调速系统的应用领域主要有哪几方面?

2-2 交流调速系统按电动机参变量可分为哪几种类型?

2-3 交流异步电动机有哪些调压调速方法，各自有何特点?

2-4 电磁转差离合器调速系统输出轴的转速能否与原动机的转速相等?为什么?如果要改变输出轴的旋转方向，如何实现?

2-5 简述交流调压调速系统的优缺点和适用场合。

模块三　绕线转子异步电动机串级调速系统

对于绕线转子异步电动机，可以通过在转子回路中串入附加电阻来改变转差率，从而实现调速，这种方法称为转子串电阻调速。转子串电阻调速实现方法简单，但是效率低、机械特性软，且只能实现有级调速，使得转子串电阻调速的使用受到限制。串级调速克服了转子串电阻调速的缺点，具有效率高、无级平滑调速、机械特性较硬等许多优点，因此在工业中得到了较好的应用。

知识目标

学习串级调速的原理与基本类型，学习绕线转子异步电动机串级调速时的机械特性，会分析串级调速系统的效率和功率因数。

技能目标

掌握串级调速的基本原理和运行状态以及基本类型结构，并在实际应用中会分析串级调速系统中电动机的选择、起动方式选择以及调速装置选择等问题。

专题 3.1　串级调速系统的工作原理及基本类型

3.1.1　串级调速的原理

针对绕线转子异步电动机转子串电阻调速方法转差功率消耗在电阻上、运行效率太低的缺点，引入了一种新的调速方法：基本思路是转子不串入三相附加电阻，改为串入三相对称的交流附加电动势 E_f 来调速，并将调速引起的转差功率损耗，回馈回电网或电动机本身，既提高了效率又实现了变转差率调速，该方法被称为绕线转子异步电动机的串级调速。

图 3-1 所示为绕线转子异步电动机串级调速的转子电路原理图。三相异步电动机的转子感应电压为

$$E_2 = sE_{20}$$

转子电流为

$$I_2 = \frac{sE_{20} + E_f}{\sqrt{R_2^2 + (sX_{20})^2}} \qquad (3-1)$$

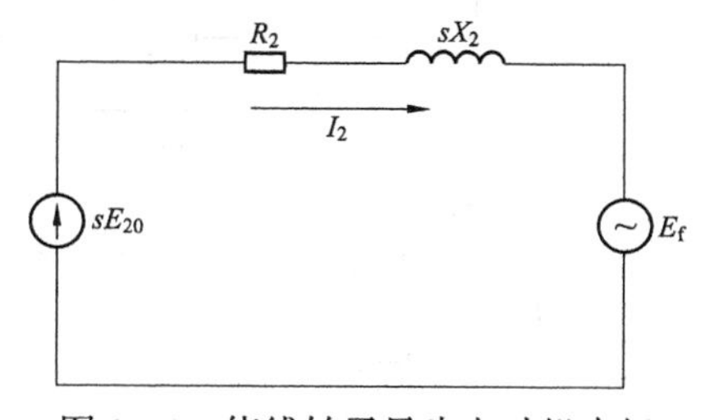

图 3-1　绕线转子异步电动机串级调速的转子电路原理图

式中　E_{20}——$s=1$ 时转子开路相电动势；

X_{20}——$s=1$ 时转子绕组的相漏抗。

如串入的交流附加电动势与转子感应电动势相位相反、频率相同，则转子电流将变小，表示为

$$I_2 = \frac{sE_{20} - E_f}{\sqrt{R_2^2 + (sX_{20})^2}} \qquad (3-2)$$

转子电流变小，会引起交流电动机拖动转矩减小，假设原来电动机拖动转矩与负载转矩相等处于平衡状态，串入附加电动势必然引起电动机降速。在降速过程中，随着速度的减小，转差率 s 增大，分子中 sE_{20} 回升，电流也回升，使拖动转矩升高后再次与负载平衡，降速过程最后会在某一个较低的速度下重新稳定运行。

如串入的交流附加电动势与转子感应电动势相位相同、频率相同，则转子电流将变大，表示为

$$I_2=\frac{sE_{20}+E_{\mathrm{f}}}{\sqrt{R_2^2+(sX_{20})^2}} \tag{3-3}$$

转子电流增大，会引起交流电动机拖动转矩增大，假设原来电动机拖动转矩与负载相等处于平衡状态，串入附加电动势必然引起电动机升速。在升速过程中，随着速度的增长，转差率 s 减小，分子中 sE_{20} 下降，电流也下降，使拖动转矩下降后再次与负载平衡，升速过程最后在某一个较高的平衡转速下重新稳定运行。

这种向上调速的情况称为高于同步转速的串级调速，简称超同步串调。

3.1.2 串级调速的基本运行状态及其功率传递关系

串级调速有四种基本运行状态，不计系统中各种损耗，各种运行状态下的功率传递关系如图 3 - 2 所示。

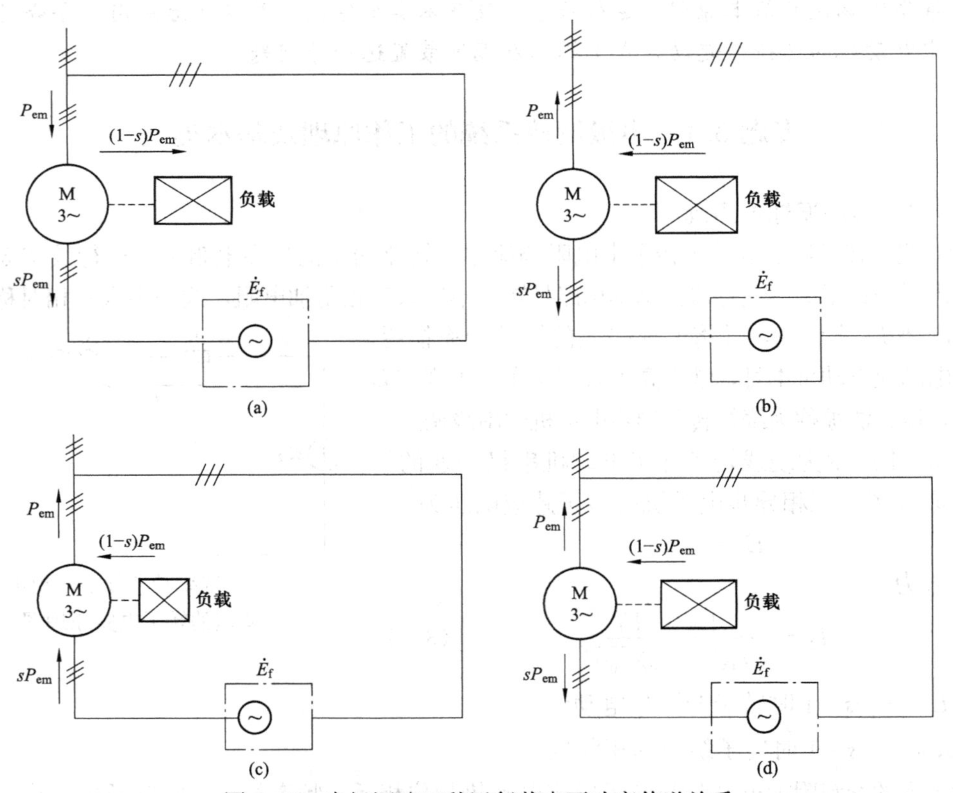

图 3 - 2 串级调速四种运行状态下功率传递关系

(a) 低于同步转速的电动运行状态（$0<s<1$）；(b) 低于同步转速的回馈制动运行状态（$0<s<1$）；(c) 高于同步转速的电动运行状态（$s<0$）；(d) 高于同步转速的回馈制动运行状态（$s>0$）

1. 低于同步转速的电动运行状态

电动机在低于同步转速的电动状态下运行时，$0<s<1$，$T_e>0$，则功率式为

$$P_{em}=T_e\omega_0>0$$
$$P_M=(1-s)P_{em}>0$$
$$P_s=sP_{em}>0$$

说明电网向电动机定子输入的电磁功率 P_{em} 一部分变为机械功率 P_M 从电动机轴输出；另一部分变为转差功率 P_s 通过 E_f 产生装置回馈给电网。

2. 低于同步转速的回馈制动运行状态

电动机在低于同步转速的回馈制动运行状态下运行时，$0<s<1$，$T_e<0$，则功率式为

$$P_{em}=T_e\omega_0<0$$
$$P_M=(1-s)P_{em}<0$$
$$P_s=sP_{em}<0$$

说明电动机从轴上向转子上输入的机械功率 P_M 与从电网通过产生 E_f 装置输入的转差功率 P_s 之和，都变为电磁功率 P_{em}，并通过电动机定子回馈给电网。

3. 高于同步转速的电动运行状态

电动机在高于同步转速的电动状态下运行时，$s<0$，$T_e>0$，则功率式为

$$P_{em}=T_e\omega_0<0$$
$$P_M=(1-s)P_{em}<0$$
$$P_s=sP_{em}>0$$

说明从电网向电动机定子输入电磁功率 P_{em}，同时从电网通过产生 E_f 装置向电动机转子输入转差功率 P_s，电动机把定子和转子同时吸收的电功率变为机械功率 P_M 从轴上输出。

4. 高于同步转速的回馈制动运行状态

电动机在高于同步转速的回馈制动运行状态下运行时，$s<0$，$T_e<0$，则功率式为

$$P_{em}=T_e\omega_0<0$$
$$P_M=(1-s)P_{em}<0$$
$$P_s=sP_{em}>0$$

说明电动机从轴上吸收机械功率 P_M，一部分变为电磁功率 P_{em}，通过定子回馈给电网；另一部分变为转差功率 P_s，通过产生 E_f 装置回馈给电网。

3.1.3 串级调速的基本类型

要实现前面所述的绕线转子异步电动机串联交流附加电动势 E_f 完成调速的基本思想，则所串入的交流附加电动势应该满足如下条件：

(1) 转子是三相交流电路，因此交流附加电动势 E_f 应为三相对称交流电。

(2) 转子感应的三相交流电动势 sE_{20} 的频率、大小都是随转差率变化的，因此附加的三相交流电动势 E_f 也应随之变频变压。

(3) 附加的三相交流电动势 E_f 在控制过程中，要始终保持与转子感应的三相交流电动势 sE_{20} 相位相同或相反，即相位要同步。

可见，三相交流附加电动势的取得在实际中十分困难。

常用的串级调速系统中，一般将转子电路接不可控整流电路，将转子的交流能量变为直流电，再在直流回路中串入直流附加电动势，通过调节直流附加电动势的大小来调速。这种

采用转子整流器吸收和传递转差功率的方法，由于能量不能从整流器流向转子，所以只能实现低于同步转速的串级调速。

低于同步转速的串级调速系统按产生直流附加电动势 E_f 的方式不同，可分为电气串级调速系统和机械串级调速系统，如图 3-3 所示。

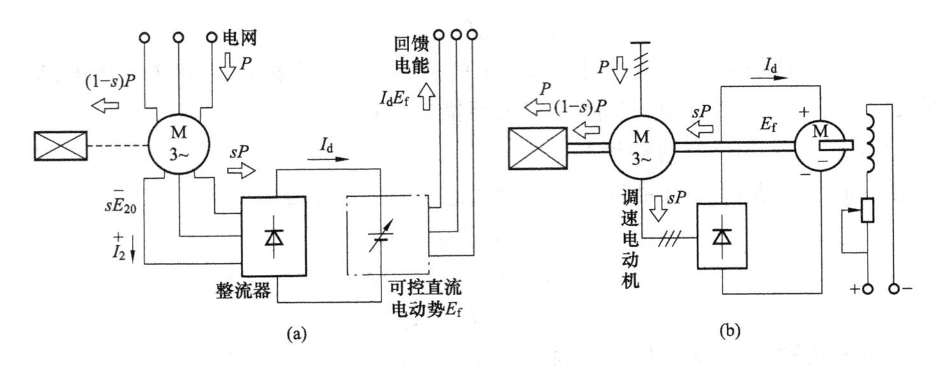

图 3-3 低于同步转速的串级调速系统

(a) 电气串级调速系统；(b) 机械串级调速系统

1. 电气串级调速系统

典型的电气串级调速系统又称为晶闸管串级调速系统，其基本构成如图 3-3（a）所示。系统中直流附加电动势 E_f 是由晶闸管有源逆变器产生的，改变逆变角 β 可以改变逆变电动势，相当于改变了直流附加电动势 E_f，就可以实现串级调速。在不考虑损耗的情况下，这种调速系统电动机轴输出功率为

$$P_M = (1-s)P_d$$

角速度为

$$\omega = (1-s)\omega_0$$

电动机输出转矩为

$$T_e = \frac{P_M}{\omega} = \frac{(1-s)P_d}{(1-s)\omega_0} = \frac{P_d}{\omega_0} = 常数 \tag{3-4}$$

可见，电气串级调速系统具有恒转矩的调速特性。

2. 机械串级调速系统

机械串级调速系统（恒功率电动机型串级调速系统）的基本构成如图 3-3（b）所示。系统中直流附加电动势 E_f 由直流电动机产生，通过改变直流电动机的励磁电流大小来改变电枢感应电动势，相当于改变直流附加电动势 E_f 的值，实现串级调速。对于机械串级调速系统，如忽略损耗，则电机轴上输出的机械功率为

$$(1-s)P_d + sP_d = P_d = 常数$$

可见，机械串级调速系统具有恒功率调速特性。

在低同步串级调速系统中，晶闸管串级调速系统由于具有效率高、技术成熟、成本低等优点，所以被广泛应用，它是本章主要讨论的内容。机械串级调速系统在调速范围越大时，所需直流电动机的容量也越大，所以只适用于大容量、调速范围小的恒功率生产设备。

专题 3.2　低于同步转速的串级调速系统的机械特性

典型的低于同步转速的串级调速系统，主要由绕线转子异步电动机 M、三相桥式不可控转子整流器 UR、三相桥式晶闸管有源逆变器 UI、逆变变压器 TI、滤波电抗器 Ld 等部分组成，见图 3-4。其核心部分是转子整流器和有源逆变器。下面首先分析转子整流器的工作状态，以进一步分析异步电动机串级调速系统的机械特性。

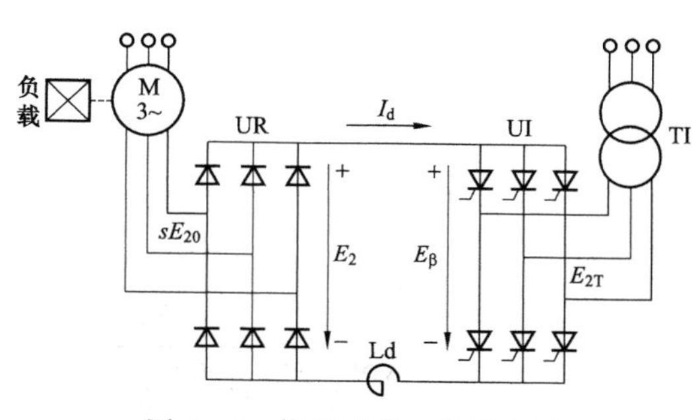

图 3-4　绕线异步电动机电气串级调速系统原理图

3.2.1　转子整流器的工作状态

转子整流器和有源逆变器电路的整流或逆变器件的开关过程会受到负载电流的影响，负载电流较小时器件的换相速度较快，而负载电流较大时器件的换相速度较慢，换相速度慢会导致输出电压的降低，而换相速度过慢甚至会引起电路故障。

下面以转子整流器为例，说明换相过程对整流输出电压的影响。

分析前提条件：

(1) 假设直流滤波电感足够大，转子整流器输出的直流电流波形平直；

(2) 假设整流二极管正向导通后没有管压降；

(3) 忽略电动机内阻对换相的影响。

在分析串级调速系统转子整流器时，还要注意它与一般整流变压器及整流元件组成的整流器的不同：

(1) 转子三相感应电动势的幅值 E_f 和频率力都是转差率 s 的函数；

(2) 折算到转子侧的每相漏抗值 X_{d0} 也是转差率的函数；

(3) 由于电动机折算到转子侧的漏抗值较大，当换相重叠现象严重时，转子整流器会出现“强迫延迟换相”现象。

1. 转子整流器的第一工作状态（I_d 较小，$\gamma \leqslant 60°$的情况）

当绕线转子异步电动机的转子电流较小时，转子整流器工作于第一工作状态。图 3-5 (b) 为第一工作状态下的转子整流器整流电压、电流波形。从图中可以看出，在不换相期间，共阴极组和共阳极组各一个器件导通，转子整流器中有 2 个器件导通；在换相期间，换相组有 2 个器件导通，不换相组有一个器件导通，整流器共有 3 个器件同时导通。起始换相点在自然换相点，换相期间的整流输出电压为正在换相的两相电压瞬时值之和的一半与另一相电压瞬时值的包络线，如图 3-5 (b) 中阴影部分所示。

该工作状态的特征是：

(1) 转子电流较小，整流后直流电流也较小。

(2) 二极管整流器换相迅速，两个二极管之间的换相重叠角 γ 较小。

(3) 重叠角 γ 随转子电流或 I_d 的增大而增大，第一工作状态下 $\gamma \leqslant 60°$。

由整流电路计算，得第一工作状态下的重叠角算式

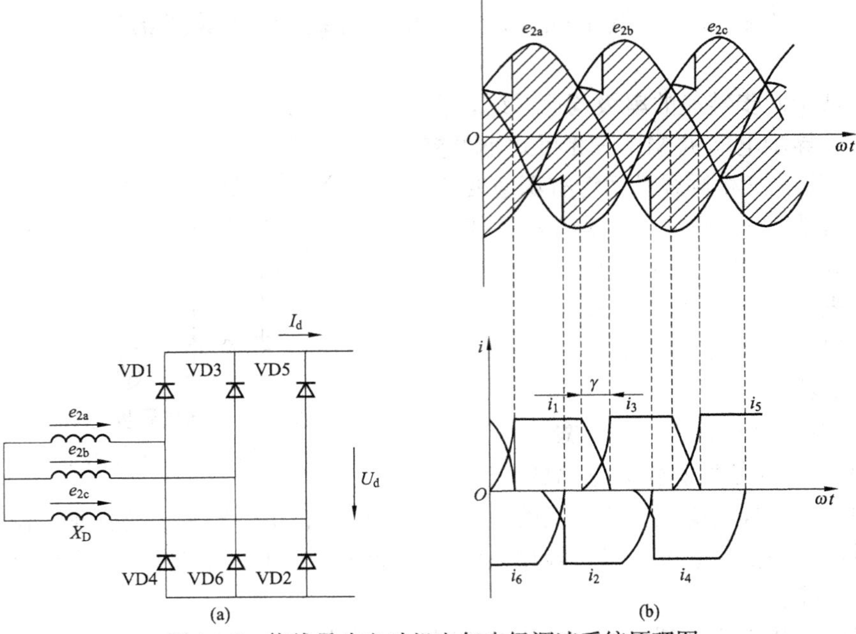

图 3-5 绕线异步电动机电气串级调速系统原理图

（a）转子整流器；（b）电压、电流波形

$$\cos\gamma = 1 - \frac{2X_{D0}}{\sqrt{6}E_{20}}I_d \quad (3-5)$$

式中 I_d——整流电流平均值；

E_{20}——转子开路时的相电动势有效值；

X_{D0}——折算到转子侧的每相漏抗（$s=1$ 时）。

可见，E_{20} 和 X_{D0} 确定时，I_d 越大，γ 越大，当 $I_d=\frac{\sqrt{6}E_{20}}{4X_{D0}}$ 时，$\gamma=60°$。$\gamma=60°$时整流器输出的整流电压、电流波形如图 3-6 所示。整流器在任何时刻都有 3 个器件同时导通，始终处于换相状态，但起始换相点仍在自然换相点。换相重叠角达到 60°时的电流为第一工作状态的最大电流，也为一、二状态分界电流，即

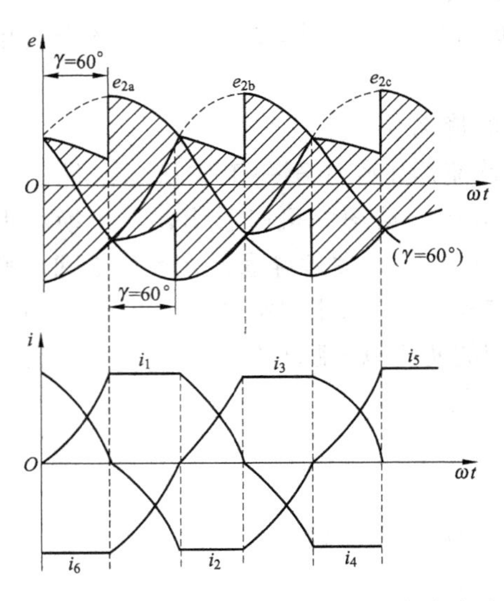

图 3-6 $\gamma=60°$的转子整流电压、电流波形

$$I_{d1-2} = \frac{\sqrt{6}E_{20}}{4X_{D0}} \quad (3-6)$$

2. 转子整流器的第二工作状态（$\gamma=60°$，$0°<\alpha_p\leqslant 30°$）

当重叠角达到 60°时，电流为第一工作状态的最大电流；如果负载电流继续增大，最初重叠角会大于 60°，稳定以后，仍然会每周期换相 6 次，2 个二极管的换相重叠角均匀地保持为 60°不变，但所有二极管的换相都被迫从自然换相点向后延迟一个角度

α_p。负载电流越大，这个强迫延时换相角就越大，这个现象称为强迫换相现象。

当 I_d 从分界点电流增大时，α_p 可从 0 增加到 30°，如图 3-7 所示。这种保持 $\gamma=60°$，$0°<\alpha_p\leqslant30°$ 的工作状态为整流器的第二工作状态。

从电路上可以解释第二工作状态时产生 α_p 的原因。假定在分析时刻共阳极组 VD1 导通，共阴极组 VD6、VD2 正在换相（t_1～t_2 期间），VD1 需要向 VD3 换相，由于此时 VD3 的阳极电位等于 b、c 两相电压之和的一半，其值为 VD3 的阴极电位与 a 相电位相等，所以 VD3 的阳极与阴极之间的电压为 $-3e_{2a}/2$，可见，在 VD6、VD2 换相期间，VD3 一直承受反压，不可能导通。只有等 VD6、VD2 换相结束（t_3 时刻），VD3 的阳极电位由 $-e_{2a}/2$ 跃变为 e_{2b}，VD3 才能导通，使 VD3 的换相被强迫延时。当一相桥臂二极管出现延迟换相后，又引起其他桥臂二极管出现强迫延迟换相，当强迫延迟换相现象达到稳定状态时，换相时间间隔与换相延迟时间必然均匀分布，于是某一时刻的换相重叠角 γ_i 为

$$\gamma_i = \gamma_{i+1} = \gamma = 60°$$

$$\alpha_{pi} = \alpha_{p(i+1)} = \alpha_p$$

α_p 的稳定数值取决于 I_d，I_d 越大，强迫延迟换相角 α_p 就越大，在第二工作区内 $0°<\alpha_p\leqslant30°$。在第二工作状态的 I_d 与 α_p 关系式为

$$I_d = \frac{\sqrt{6}E_{20}}{4X_{D0}}\sin(\alpha_p + 30°) \tag{3-7}$$

3. 转子整流器的故障状态（$\gamma>60°$、$\alpha_p=30°$）

当重叠角达到 60°、强迫延时换相角达到 30°时的电压、电流波形如图 3-8 所示。

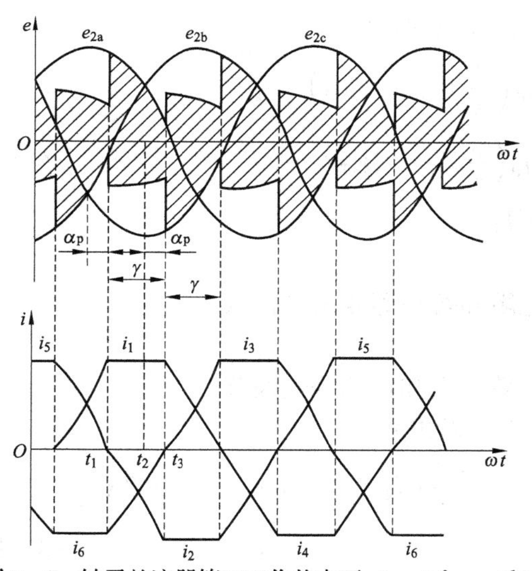

图 3-7　转子整流器第二工作状态下（$\gamma=60°$、$\alpha_p\leqslant30°$）的电压、电流波形

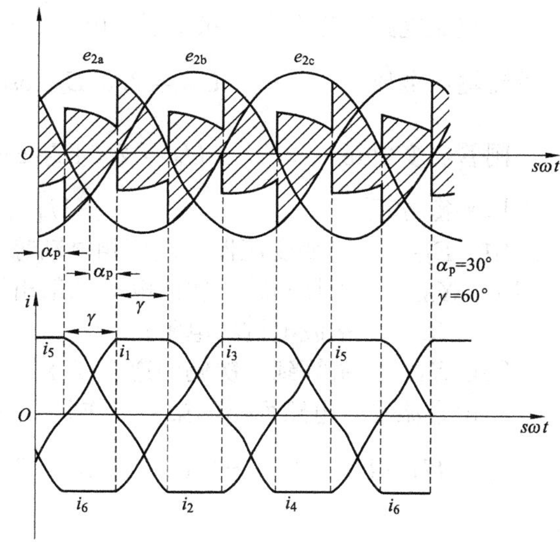

图 3-8　转子整流器故障状态下（$\gamma=60°$、$\alpha_p=30°$）的电压、电流波形

如果负载电流继续增大，重叠角又会大于 60°，但强迫延时换相角会保持 30°不变。原因是：即使前面两个二极管未换相完毕，后面该导通的二极管也会因承受正压而导通，就出现了共阴极管和共阳极管同时换相，则转子整流器发生短路故障。

串级调速系统运行中一定要避免严重过载的情况。

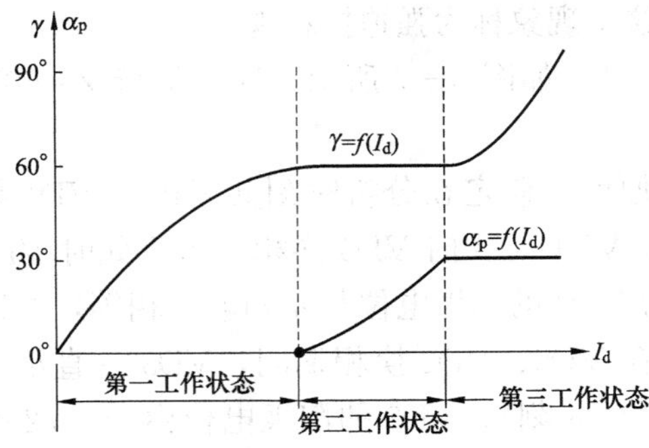

图 3-9 转子整流电路 $\gamma=f(I_d)$、$\alpha=f(I_d)$

综上所述，随着负载的不同，转子整流电流可能有三种状态。图 3-9 表示了在三种不同的工作状态下 I_d与 γ 以及 α_p 间的函数关系。

3.2.2 串级调速系统的调速特性

串级调速系统的调速特性是指 n 或 s 与电流 I_d的关系，需要从直流等效电路入手加以推导。

根据图 3-10（a）所示的串级调速系统主回路，在第一工作状态下，可做出转子整流器-逆变器的直流回路等效电路如图 3-10（b）所示。

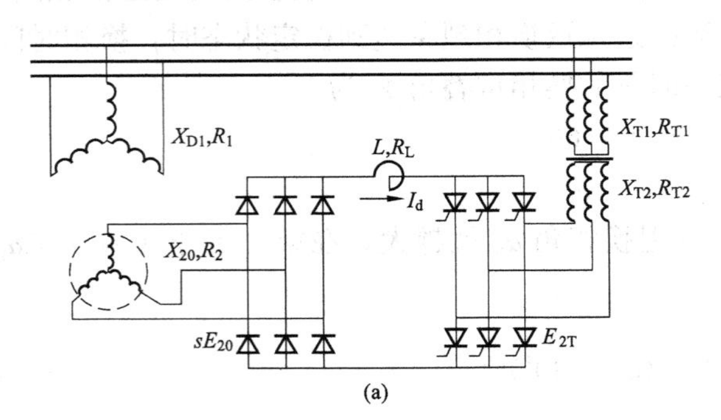

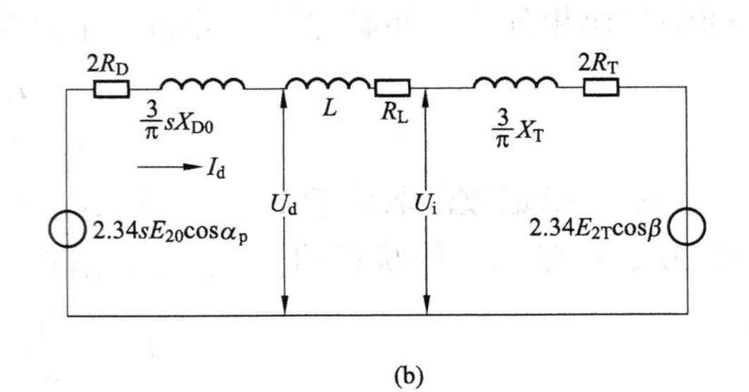

图 3-10 串级调速系统主电路及相应的等效电路

（a）主电路；（b）等效电路

整流电路工作在第一状态下，由图 3-10（b）列出调速特性

直流输出电压 $$U_d = 2.34E_{20}\cos\alpha_p - I_d\left(\frac{3}{\pi}X_{D0}s + 2R_D\right) \tag{3-8}$$

晶闸管逆变电路电压 $$U_\beta = 2.34E_{2T}\cos\beta + I_d\left(\frac{3}{\pi}X_T + 2R_T\right) \tag{3-9}$$

电压平衡方程 $$U_d = U_\beta + I_dR_L$$

式中 E_{2T}——逆变变压器二次侧相电动势；

R_D、X_{D0}——折算到转子侧的电动机每相等效电阻和每相等效漏电抗（$s=1$）；

R_L——平波电抗器电阻；

R_T、X_T——折算到二次侧的逆变变压器每相等效电阻和每相等效漏抗。

由直流等效电路列出的第一工作状态下的电压方程式为

$$U_d - U_\beta = 2.34sE_{20}\cos\alpha_p - 2.34E_{2T}\cos\beta - I_d\left(\frac{3}{\pi}sX_{D0} + 2R_D + \frac{3}{\pi}X_T + 2R_T\right) \tag{3-10}$$

将 $s=1-\frac{n}{n_0}$代入式（3-10）得转速 n，故可得串级调速特性表达式

$$n = n_0\left[\frac{2.34\ (E_{20}\cos\alpha_p - E_{2T}\cos\beta)\ - I_d\left(\frac{3}{\pi}X_{D0} + \frac{3}{\pi}X_T + 2R_D + 2R_T + R_L\right)}{2.34E_{20}\cos\alpha_p - \frac{3}{\pi}X_{D0}I_d}\right] \tag{3-11}$$

$$= \frac{U - I_dR_\Sigma}{C_e}$$

$$U = 2.34(E_{20}\cos\alpha_p - E_{2T}\cos\beta)$$

$$R_\Sigma = \frac{3X_{D0}}{\pi}s + \frac{3X_T}{\pi} + 2R_D + 2R_T + R_L$$

$$C_e = \frac{2.34E_{r0}\cos\alpha_p - \frac{3}{\pi}X_{D0}I_d}{n_0} = \frac{U_{d0} - \frac{3}{\pi}X_{D0}I_d}{n_0}$$

式中 R_Σ、C_e——常数；

U——转子直流回路电压，受逆变角控制。

可见串级调速系统通过逆变角 β 进行调速时，其特性 $n=f$（I_d）类似于直流电动机调压调速的速度表达式，但由于串级调速系统转子直流回路等效电阻比直流电动机电枢回路总电阻大，故串级调速的调速特性很软。

当转子整流器处于第二工作状态时，仍可用相同的方法求得调速特性。由于第二工作状态下的调速特性相对更复杂，故推导从略。理论计算可以证明其调速特性比第一工作状态下的调速特性软。

3.2.3 串级调速系统的机械特性与最大转矩

串级调速系统的机械特性是指 s 或 n 与 T_e 的关系。推导思路是在已经推出调速特性之间的关系之后，继续推导电磁转矩之间的关系，两者联立，消去电流变量，从而得到机械特性 $s-T_e$。

1. 第一工作状态的机械特性及最大转矩

交流异步电动机的电磁转矩表达式为

$$T = \frac{P_s}{s\omega_0} = \frac{sP_e}{s\omega_0} = \frac{P_e}{\omega_0} \tag{3-12}$$

转子整流电路中如果忽略转子铜耗，则转子整流器的输出功率就是电动机的转差功率，转差功率表达式为

$$P_s = \left(2.34sE_{20}\cos\alpha_p - \frac{3sX_{D0}}{\pi}I_d\right)I_d \tag{3-13}$$

则第一工作区域的电磁转矩表达式如下

$$T_e = \frac{P_s}{s\omega_0} = \frac{1}{\omega_0}\left(2.34E_{20} - \frac{3X_{D0}}{\pi}I_d\right)I_d \tag{3-14}$$

利用式（3-13）和式（3-14）可以求得串级调速系统机械特性第一工作区的表达式

$$T = \frac{(2.34E_{2D})^2\frac{E_{2T}}{E_{2D}}\cos\beta + \frac{3X_T}{\pi} + 2R_T + 2R_D + R_L}{\omega_0\left(\frac{3X_{20}}{\pi} + \frac{3X_T}{\pi} + 2R_T + 2R_D + R_L\right)^2}(s - s_0) \tag{3-15}$$

$$s_0 = E_{2T}\cos\beta / E_{2D}$$

式中 s_0——理想空载转差率。

将第一、二工作区分界点电流 $I_{d1-2} = \frac{\sqrt{6}E_{20}}{4X_{D0}}$ 代入，得第一、二工作区分界点的转矩为

$$T_{1-2} = \frac{27E_{20}^2}{8\pi\omega_1 X_{D0}} \tag{3-16}$$

异步电动机忽略定子电阻时，正常接线时的最大电磁转矩为

$$T_{e,max} = \frac{3E_{20}^2}{2\omega_1 X_{D0}} \tag{3-17}$$

临界转矩与机械特性的第一工作区的计算最大转矩的比值为

$$\frac{T_{1-2}}{T_{e,max}}=0.716$$

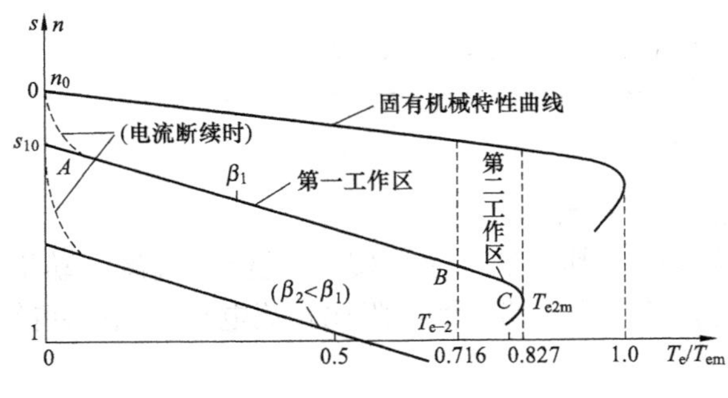

图 3-11 串级调速系统的机械特性

串级调速系统在第一工作状态下的机械特性如图 3-11 中的“第一工作区”所示。横轴为串级调速时的拖动转矩与电动机自然特性最大拖动转矩的比值。当负载比值达到 0.716 及以上时，串级调速系统进入第二工作状态运行。

上述推导可得出关于串级调速系统的一个重要结论：当串级调速系统带额定负载时，运行于第一工作区内。原因是电动机过载倍数为 2 左右，即最大自然拖动转矩为额定转矩的 2 倍，所以额定负载 $T_{eN}/T_{e,max}\approx 0.5$，故额定负载线必然在 0.716 之内。

2. 第二工作状态的机械特性及最大转矩

用推导第一工作状态同样的思路可以求出第二工作状态的机械特性表达式为

$$T_e=\frac{9\sqrt{3}E_{20}^2}{4\pi\omega_1 X_{D0}}\sin\left(2\alpha_p+\frac{\pi}{3}\right) \tag{3-18}$$

由式（3-18）可以看出，当强迫延迟换相角 $\alpha=15°$时，可得串级调速系统机械特性第二工作状态的最大转矩为

$$T_{e2m}=\frac{9\sqrt{3}E_{20}^2}{4\pi\omega_1 X_{D0}} \tag{3-19}$$

将式（3-19）与式（3-17）如相比，得

$$\frac{T_{e2m}}{T_{e,max}}=0.827 \tag{3-20}$$

式（3-20）说明了串级调速的另一个重要结论：当一台绕线转子异步电动机采用串级调速控制方案后，与自然特性相比，其过载能力降低了 17%左右。因此，在选择串级调速系统异步电动机容量时，应特别考虑这个因素。

专题 3.3 串级调速系统的效率和功率因数

由于串级调速系统的效率和功率因数与节能效果密切相关，因此，在推广应用串级调速技术中，这两项指标成为被关注的焦点问题之一。

3.3.1 串级调速系统的总效率

串级调速系统的总效率是指电动机轴上的输出功率与从电网输入的总有功功率之比。图 3-12 是反映串级调速系统各部分有功功率之间关系的单线原理图，P 表示有功功率；

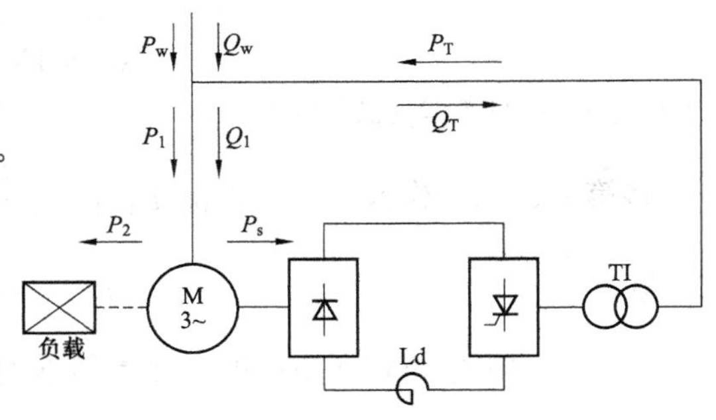

图 3-12 串级调速系统功率关系单线原理图

Q 表示无功功率。系统从电网输入的总有功功率 P_w 是异步电动机定子取用有功功率 P_1 和逆变变压器回馈有功功率 P_T 的差。

(1) 定子输入功率。定子输入功率 P_i 由电网向整个串级调速系统提供的有功功率 P_{in} 及晶闸管逆变器返回到电网的回馈功率 P_F 构成，即

$$P_i = P_{in} + P_F$$

(2) 旋转磁场传送的电磁功率。定子输入功率 P_i 减去定子损耗 ΔP_1（包括定子的铜耗和铁耗）得到电磁功率 P_e；P_e 中的一部分转变为转差功率 P_s，另一部分转变成机械功率 P_M，即

$$P_e = P_i - \Delta P_1 = P_s + P_M$$

(3) 回馈电网的功率。转差功率减去转子损耗 ΔP_2 和转子整流器、晶闸管逆变器的损耗 ΔP_i，剩下部分即为回馈电网的功率 P_F，即

$$P_F = sP_e - \Delta P_2 - \Delta P_i$$

(4) 电网向整个系统提供的有功功率为

$$P_{in} = P_i - P_F = (P_e + \Delta P_1) - P_F = (1-s)P_e + \Delta P_1 + \Delta P_2 + \Delta P_i \tag{3-21}$$

(5) 电机轴上输出功率 P_{ex} 则要从机械功率 P_M 中减去机械损耗 ΔP_M 后获得，即

$$P_{ex} = P_M - \Delta P_N = (1-s)P_e - \Delta P_M \tag{3-22}$$

(6) 串级调速系统的总效率为

$$\eta = \frac{P_{ex}}{P_{in}} \times 100\% = \frac{(1-s)P_e - \Delta P_N}{(1-s)P_e + \Delta P_1 + \Delta P_2 + \Delta P_i} \times 100\% \tag{3-23}$$

理论上，如果忽略小的损耗，串级调速系统的总功率将接近 100%。由于串级调速系统的转差功率中的大部分被回馈电网，所以可以得出这样一个基本的结论：串级调速系统具有较高的效率，串级调速系统的总效率高，且不随转速变化。

在实际运行中，电动机越接近满载，各项损耗相对越小，大容量串级调速系统在接近满载时的效率可达 90%以上，中、小容量调速系统的效率也在 80%以上。

3.3.2　串级调速系统的总功率因数

普通异步电动机自身的功率因数为 0.8～0.9，而串级调速系统若不采取措施，其总功率因数却很低，即使高速时也只有 0.6 左右，低速时总功率因数更低，这是晶闸管串级调速系统的主要缺点。

1. 晶闸管串级调速系统总功率因数低的原因

(1) 逆变变压器和异步电动机都要从电网吸收无功功率，串级调速调系统比固有特性下异步电动机从电网吸收的无功功率增多，而串级调速系统把转差功率的大部分又回馈给电网，使系统从电网吸收的有功功率减少，这是造成串调系统功率因数低的主要原因。例如：

1) 串级调速系统从电网吸收的有功功率 P_w 等于异步电动机从电网吸收的有功 P_1 与通过逆变器回馈到电网的有功功率 $-P_T$ 的代数和，即 $P_w = P_1 - P_T$，有功功率减少。

2) 串级调速系统从电网吸收的无功 Q_w 等于异步电动机吸收的无功 Q_1 与逆变变压器吸收的无功 Q_T 之和，即 $Q_w = Q_1 + Q_T$，无功功率增加。

串级调速系统的总功率因数降低为

$$\cos\varphi_s = \frac{P_w}{S} = \frac{P_1 - P_T}{\sqrt{(P_1 - P_T)^2 + (Q_1 + Q_T)^2}} \tag{3-24}$$

式中 P_w——串级调速系统从电网吸收的总有功功率；

S——串级调速系统的总视在功率。

（2）由于串级调速系统接入转子整流器，不仅出现换流重叠现象，还使转子电流发生畸变，这将使异步电机本身的功率因数降低，这是造成串调系统功率因数低的另一个原因。

2. 改善串级调速系统的总功率因数的方法

改善串级调速系统的总功率因数的方法主要可归为两大类：一类是在三相交流进线上接入功率补偿电容器进行补偿，这是目前应用较为普遍的提高功率因数的方法；另一类是采用高功率因数的串级调速系统，高功率因数的串级调速系统的主要特点是利用全控型电力电子器件改造转子整流逆变装置，从电路结构上提高功率因数。

第二类方法有两种典型的电路结构：斩波式串级调速系统和 GTO（门极可关断）晶闸管串级调速系统。

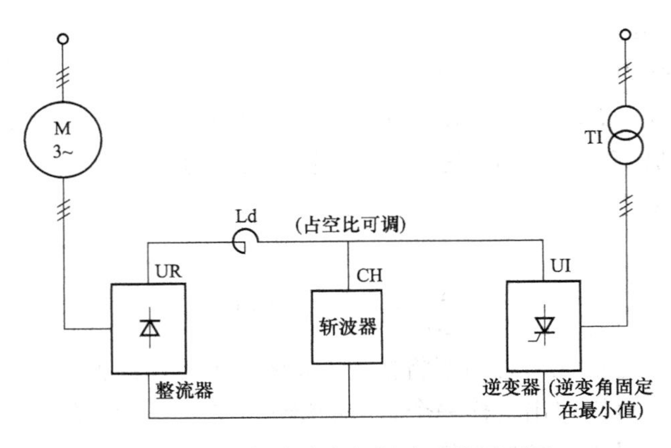

图 3-13 斩波式串级调速系统原理图

（1）斩波式串级调速系统。斩波式串级调速系统的原理框图如图 3-13 所示，转子整流仍采用不可控整流器，逆变仍采用晶闸管有源逆变器和逆变变压器，但晶闸管有源逆变器在使用中不改变触发延迟角的大小，只将触发延迟角固定在最小逆变角，以提高逆变侧的功率因数。这样逆变器直流侧的直流电压是不可调节的，整流器所串的直流附加电动势的大小通过控制斩波器的占空比来调节。

（2）GTO 晶闸管串级调速系统。GTO 晶闸管与普通晶闸管不同之处，是该器件具有自关断能力。GTO 晶闸管串级调速系统与晶闸管串级调速系统主电路基本相同，也是转子整流器接有源逆变器、逆变变压器的电路结构，所不同的是有源逆变器使用 GTO 晶闸管代替普通晶闸管，利用 GTO 晶闸管的自关断能力，逆变器可以通过控制以 GTO 晶闸管的通断时刻，使逆变电路产生超前于电网电压的电流，从而使串级调速系统的逆变侧呈现电容性，提高总功率因数。

由于 GTO 晶闸管价格较高，故该控制方案适用于大容量绕线转子异步电动机的串级调速。

专题 3.4 双闭环控制的串级调速系统

根据生产工艺对静、动态调速性能指标要求的不同，串级调速可以采用开环控制或闭环控制。常见闭环串级调速系统的结构是转速、电流双闭环控制结构，本节只介绍转子电路进行交流-直流-交流变换后接逆变变压器的主电路形式。

3.4.1 低同步串级调速系统的闭环组成和工作原理

低同步双闭环串级调速系统如图 3-14 所示，其结构与双闭环直流调速系统相似。图中，ASR 和 ACR 分别为速度调节器和电流调节器；TG 和 TA 分别为测速发电机和电流互感器；GT 为触发器。为了使系统既能实现速度和电流的无静差调节，又能获得快速的动态

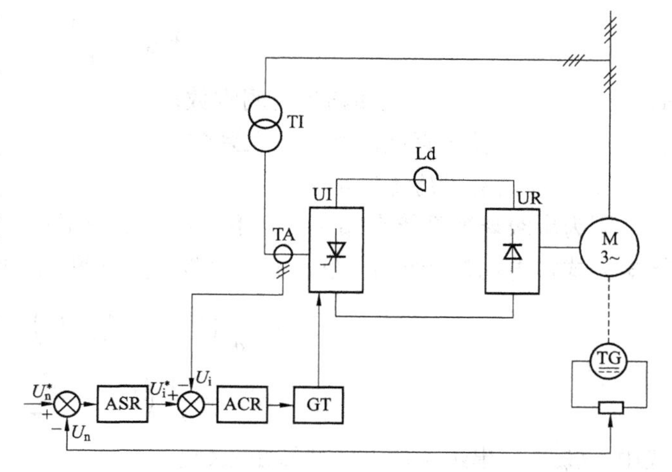

图 3-14　低同步双闭环串级调速系统组成

响应，两个调节器 ASR 和 ACR 均采用 PI（比例积分）调节器。UR 是三相不可控整流装置，将异步电动机转子相电动势 sE_{20} 整流为直流电压 U_d。UI 为三相可控整流装置，工作在有源逆变状态：可提供可调的直流电压 U_i，作为电动机调速所需的附加直流电动势；同时可将转差功率变换成交流功率，回馈到交流电网。

通过改变转速给定信号 U_n^* 的值，可以实现调速。当转速给定信号 U_n^* 逐渐增大时，电流调节器的输出电压也逐渐增加，使逆变角 β 逐渐增大，串入直流回路的附加电动势减小，电动机转速 n 也就随之升高。为防止逆变失败，对应于电流调节器 ACR 的输出电压下限值，应设置逆变角的最小值，通常 $\beta=30°$。当电流调节器的输出电压为上限值时，应整定逆变角为最大值 $\beta=90°$。

与双闭环直流调速系统一样，利用速度调节器的输出限幅作用和电流调节器的电流负反馈调节作用可以实现双闭环串级调速系统在加速过程中的恒流升速，获得良好的加速特性。

3.4.2　低同步闭环串级调速系统的动态结构

1. 串级调速系统直流主回路的传递函数

图 3-14 所示的直流主回路的动态电压平衡方程为

$$sE_{d0}-E_{\beta0}=L\frac{\mathrm{d}I_d}{\mathrm{d}t}+R_{\Sigma}I_d \tag{3-25}$$

$$E_{d0}=2.34E_{20}\cos\alpha_p$$

$$E_{\beta0}=2.34U_{2T}\cos\beta$$

$$L=2L_{D0}+2L_T+L_L$$

$$R_{\Sigma}=\frac{3X_{D0}}{\pi}s+\frac{3X_T}{\pi}+2R_D+2R_T+R_L$$

式中　E_{d0}——$s=1$ 时转子整流器输出的空载电压；

$E_{\beta0}$——逆变器直流侧的空载电压；

L——转子直流回路总电感；

R_{Σ}——转差率为 s 时转子直流回路等效电阻。

将式（3-25）中的 s 换成转速 n，得

$$E_{d0}-\frac{n}{n_0}E_{d0}-E_{\beta0}=L\frac{\mathrm{d}I_d}{\mathrm{d}t}+R_{\Sigma}I_d \tag{3-26}$$

将式（3-26）进行拉普拉斯变换（简称拉氏变换），可求得转子直流主回路的传递函数

$$\frac{I_d(s)}{E_{d0}-\frac{E_{d0}}{n_0}n(s)-E_{\beta0}}=\frac{K_{Ln}}{T_{Ln}s+1} \tag{3-27}$$

$$T_{Ln}=\frac{L}{R_{\Sigma}}$$

$$K_{\mathrm{Lr}}=\frac{1}{R_{\Sigma}}$$

式中 T_{Ln}——转子直流回路的时间常数；

K_{Lr}——转子直流回路的放大系数。

2. 异步电动机的传递函数

因为串级调速系统在额定负载下工作于第一工作区，所以可以使用第一工作状态的电磁转矩公式，电动机转矩 T_e 与转子主回路直流电流 I_d 的关系为

$$T_{\mathrm{e}}=\frac{1}{\omega_0}\left(U_{\mathrm{d0}}-\frac{3X_{\mathrm{D0}}}{\pi}I_{\mathrm{d}}\right)I_{\mathrm{d}}=C_{\mathrm{m}}I_{\mathrm{d}} \tag{3-28}$$

$$C_{\mathrm{m}}=\frac{1}{\omega_0}\left(E_{\mathrm{d0}}-\frac{3X_{\mathrm{D0}}}{\pi}I_{\mathrm{d}}\right)$$

式中 C_{m}——串级调速系统的转矩系数。

电力拖动系统的运动方程式为

$$T_{\mathrm{e}}-T_{\mathrm{L}}=\frac{GD^2}{375}\times\frac{\mathrm{d}n}{\mathrm{d}t} \tag{3-29}$$

则有

$$C_{\mathrm{m}}(I_{\mathrm{d}}-I_{\mathrm{L}})=\frac{GD^2}{375}\times\frac{\mathrm{d}n}{\mathrm{d}t} \tag{3-30}$$

对式（3-29）求拉普拉斯变换，异步电动机在串级调速时的传递函数为

$$\frac{n(s)}{I_{\mathrm{d}}(s)-I_{\mathrm{dL}}(s)}=\frac{1}{T_{\mathrm{I}}s} \tag{3-31}$$

$$T_{\mathrm{I}}=\frac{GD^2R}{375C_{\mathrm{m}}}$$

式中 T_{I}——电动机的积分常数。

双闭环串级调速系统中的速度调节器、电流调节器、晶闸管逆变器、给定滤波、反馈滤波等环节的传递函数，与双闭环直流调速系统基本相同。因此，可作出双闭环串级调速系统的动态结构图如图 3-15 所示。

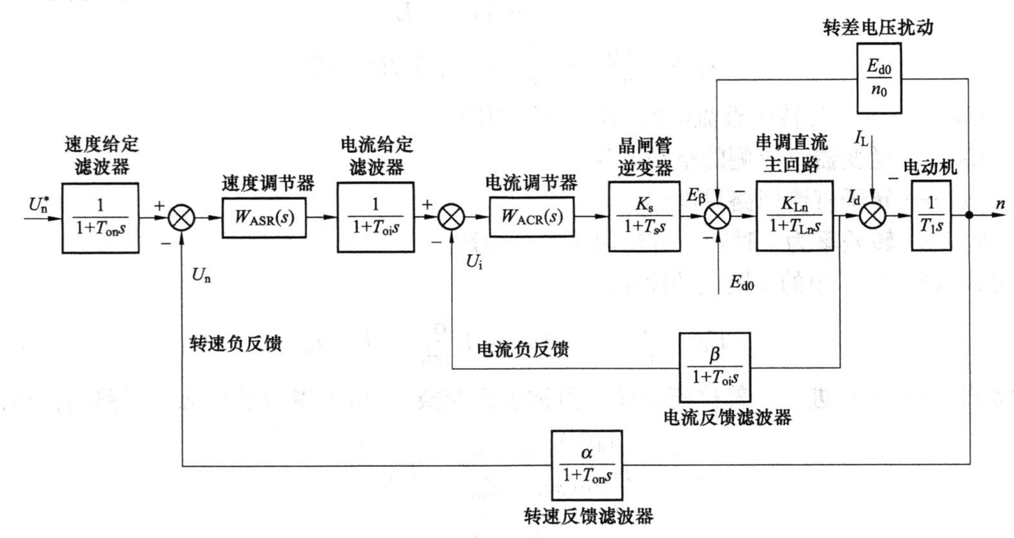

图 3-15 双闭环串级调速系统的动态结构图

双闭环串级调速系统的工程设计也可以使用与双闭环直流调速系统相同的方法，即先从电流环入手，一般将电流环设计成典型Ⅰ型系统，使其能快速跟随外环给出的电流给定值；然后把设计好的电流环看作是速度环中的一个环节，再进行速度环的设计，速度环一般被校正成典型Ⅱ型系统，使其具备较强的抗负载干扰能力。

因为串级调速系统直流主回路中的放大系数K_{Ln}和时间常数T_{Ln}都是转速n的函数，所以电流环校正时需对这两个参数进行近似处理，一般来说，按调速范围的下限，即低速时的K_{Ln}和T_{Ln}来计算电流调节器的参数更合适。原因是：突加转速给定信号U_n^*时，因电动机的机械惯性大，转速来不及变化，电流已调节完毕，可近似认为电流调节过程是在电动机静止或处于某一低速下，且转速来不及变化时进行的，所以按低速时K_{Ln}和T_{Ln}来计算电流调节器的参数。

专题 3.5　串级调速系统应用中的几个问题

3.5.1　电动机的选择

在选择串级调速中的电动机容量时，先按常规的方法计算出自然接线时所需要的绕线转子异步电动机的功率；然后，根据串级调速的特点加以修正，并选择串级调速系统的电动机功率；最后，进行电动机的热校验及过载能力的校验。

设常规方法计算出的自然接线绕线转子异步电动机功率（P_D）为使用串级调速方案时的计算结果，电动机容量用下式计算

$$P = KP_D \tag{3-32}$$

式中　K——串级调速系数，一般取1.15左右。

可见采用串级调速方案时，所需电动机的容量要比自然接线电动机的容量大。扩大容量的原因：①串级调速系统的负载能力比自然接线损失17%；②串级调速后电动机的功率因数降低；③低速运行时，转子的高频谐波电流造成转子铜耗增加。

此外，电动机的额定转速选取要比生产机械所需的最高转速高出10%左右，并进行适当的热校验和过载能力校验。

串级调速电动机的过载能力校验，要考虑串级调速时异步电动机过载能力降低17%左右，还要考虑电网电压降低的影响。若使过载能力校验通过，则需满足

$$K_S T_{e2m} > T_{Lmax} \tag{3-33}$$

式中　T_{e2m}——串级调速电动机的最大转矩；

K_S——考虑电网电压降低引入的安全系数，其值一般取为0.82～0.85；

T_{Lmax}——最大负载转矩。

若上述的热校验和过载能力校验都能通过，说明所选电动机合适。若其中有一个校验不能通过，则需重选电动机，直至校验通过。

在选用电动机的额定转速时，考虑到串级调速系统的机械特性比较软，电动机的额定转速应比生产机械的最高转速高10%左右。此外，如果需要在电动机轴上安装测速发电机，则需要选用两端出轴的双轴伸式电动机。

3.5.2　起动方式的选择

从理论上讲，串级调速系统的调速范围很大，可以采用直接起动方式。但在实际应用

中，如果负载不变，同步速度不变，则电动机从电网上取用的电磁功率就是几乎不变的。速度调得越低，机械功率就越小，转差功率越大，直接用串级调速装置使电动机降到很低的速度，就意味着通过整流逆变装置反馈回电网的功率越大，其代价是增加了串级调速装置的容量和成本。因此在实际应用中只有对调速范围要求很大的生产机械，如提升机、钢丝绳牵引胶带运输机等才采用直接起动方式。

在实际应用中的大部分调速场合，如风机、泵类、压缩机等生产机械设备，长期运行所要求的调速范围不大，仅仅在较小范围内降速运行，完成能量回馈所需的串级调速装置容量不大，因此可先利用起动装置将绕线转子异步电动机升速到最低运行速度，再将串级调速装置投入运行，在运行期间仅利用串级调速装置在运行速度范围内降速，可大大节省串级调速装置的容量，这就是间接起动方式。

1. 直接起动方式

直接起动方式是利用串级调速装置本身直接起动电动机，不再另接起动设备的起动方式。起动时，要先将晶闸管的逆变角 β 置于 β_{min}，再逐渐增大 β 值，使逆变电压逐渐减小，电动机平稳加速直到所需的转速。

2. 间接起动方式

间接起动方式是利用起动设备起动电动机，当加速到调速范围内的最低转速 n_{min} 时，使串级调速装置投入运行，如图 3－16 所示。

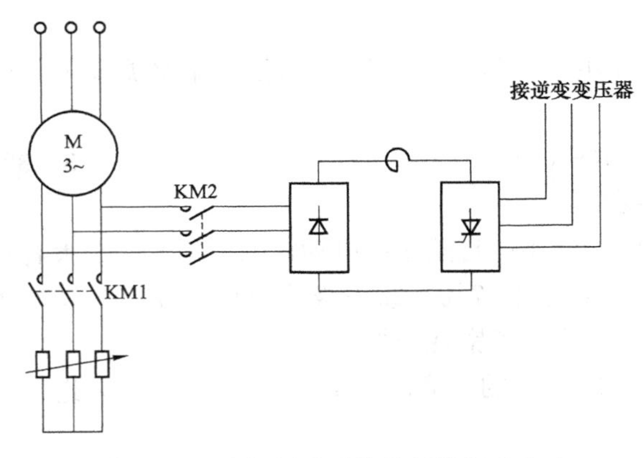

图 3－16 串级调速系统的间接起动方式

图 3－16 中起动设备为频敏变阻器或起动电阻，与串级调速系统并联连接，当转速没达 n_{min} 到之前，接触器 KM1 的动合触点闭合、KM2 的动合触点断开，接入起动设备起动；当转速达到时，接触器 KM2 的动合触点闭合、KM1 的动合触点断开，投入串级调速。这种并联间接起动方式还有一个好处，即一旦串级调速装置出现故障，异步电动机可转换到直接起动设备正常工作。许多风机、泵类生产机械都有这种操作转换要求。

停车时，由于没有制动作用，应先断开 KM2，使电动机转子回路与串级调速装置脱离，再将电动机的定子从交流电网断开，以防止电动机定子断开时在转子侧产生分闸过电压而损坏整流器与逆变器。

不允许在未达到设计最低转速以前把电动机转子回路与串级调速装置接通，否则转子电压会超过整流器件的额定电压而损坏器件，因此转速检测或起动时间必须准确计算。

3.5.3 串调装置的选择

1. 选择串级调速装置的电流、电压等级

串级调速装置的额定电压 U_{dn} 和额定电流 I_{dn} 均指直流侧的额定电压与额定电流。串级调速装置的额定电压 U_{dn} 应根据已选定电动机的转子开路线电压 E_{20} 及所要求的调速范围 D 或调速范围 D 所对应的最大转差率 s_m 来确定，即

额定电压
$$U_{dn} \geqslant 1.35E_{2n}\left(1-\frac{1}{D}\right)=1.35E_{2n}s_{max} \tag{3-34}$$

额定电流
$$I_{dn} \geqslant \frac{L}{0.816}I_{2n} \tag{3-35}$$

式中　E_{2n}——已选定电动机的转子开路线电压；

I_{2n}——已选定电动机的转子额定电流。

直流侧额定电压与额定电流的乘积决定串级调速装置容量。由式（3-34）和式（3-35）可以发现，调速范围 D 越大，所需串级调速系统容量越大，成本越高。直接起动调速范围最大，故串级调速装置的设计容量就大。

2. 选择逆变变压器的电压和容量

逆变变压器二次电压的计算思路，是使最低转速对应的转子最大整流电动势与逆变变压器的最大逆变电压相匹配，即
$$2.34s_{max}E_{20} = 2.34U_{2T}\cos\beta_{min} \tag{3-36}$$

于是逆变变压器二次相电压为
$$U_{2T} = \frac{s_{max}E_{20}}{\cos\beta_{min}} \tag{3-37}$$

调速范围
$$D = \frac{n_{max}}{n_{min}} = \frac{n_N}{n_{min}} = \frac{n_1}{n_{min}} \Rightarrow s_{max} = 1-\frac{1}{D} \tag{3-38}$$

取 $\cos\beta_{min}=30°$，可以得到
$$U_{2T} = \frac{s_{max}E_{20}}{\cos\beta_{min}} = \frac{1}{\cos 30°}\left(1-\frac{1}{D}\right)E_{20} = 1.15E_{20}\left(1-\frac{1}{D}\right) \tag{3-39}$$

当绕线转子异步电动机转子侧与逆变变压器二次接线相同时，逆变变压器二次额定相电流与电动机转子的额定相电流近似相等，即 $I_{2T}=I_{2N}$，因此，三相逆变变压器容量估算式为
$$P_T = 3U_{2T}I_{2T} = 3U_{2T}I_{2N} = 3.45E_{20}I_{2N}\left(1-\frac{1}{D}\right) \tag{3-40}$$

从式（3-39）可以看出，如果直接起动，由于调速范围 D 太大，会造成串级调速系统的容量增大，仅仅为起动增加串级调速系统的成本是不合理的，所以对正常运行调速范围较小的系统，应采用间接起动方法。

专题 3.6　单片机控制的串级调速系统实例

图 3-17 所示是一种用单片机控制的串级调速系统的原理图，系统主电路即为前面讲过的串级调速系统主电路结构；控制电路由 8031 单片机、扩展电路、隔离驱动电路等部分组成。下面主要介绍单片机和接口电路的组成及其工作原理。

在图 3-17 中，系统所用的单片机是 MCS-51 系列中的 8031，并扩展了 8155 并行 I/O 接口和 2716 程序存储器。8031 单片机中的 P0 口及 P2 口用作片外扩展的程序存储器及 I/O 口的数据/地址总线。P1 口用来接收故障检测输入信号。升、降速按钮 SB1、SB2 从 P3.4、P3.5 接入。8031 单片机内设转速计数器，在运行中通过查询 P3.4、P3.5 得到触发器移相控制电压，再配合程序软件实现升、降速。

微机数字触发器的同步信号是来自 C、N 之间的电源相电压，经变压器 T1 降压、二极

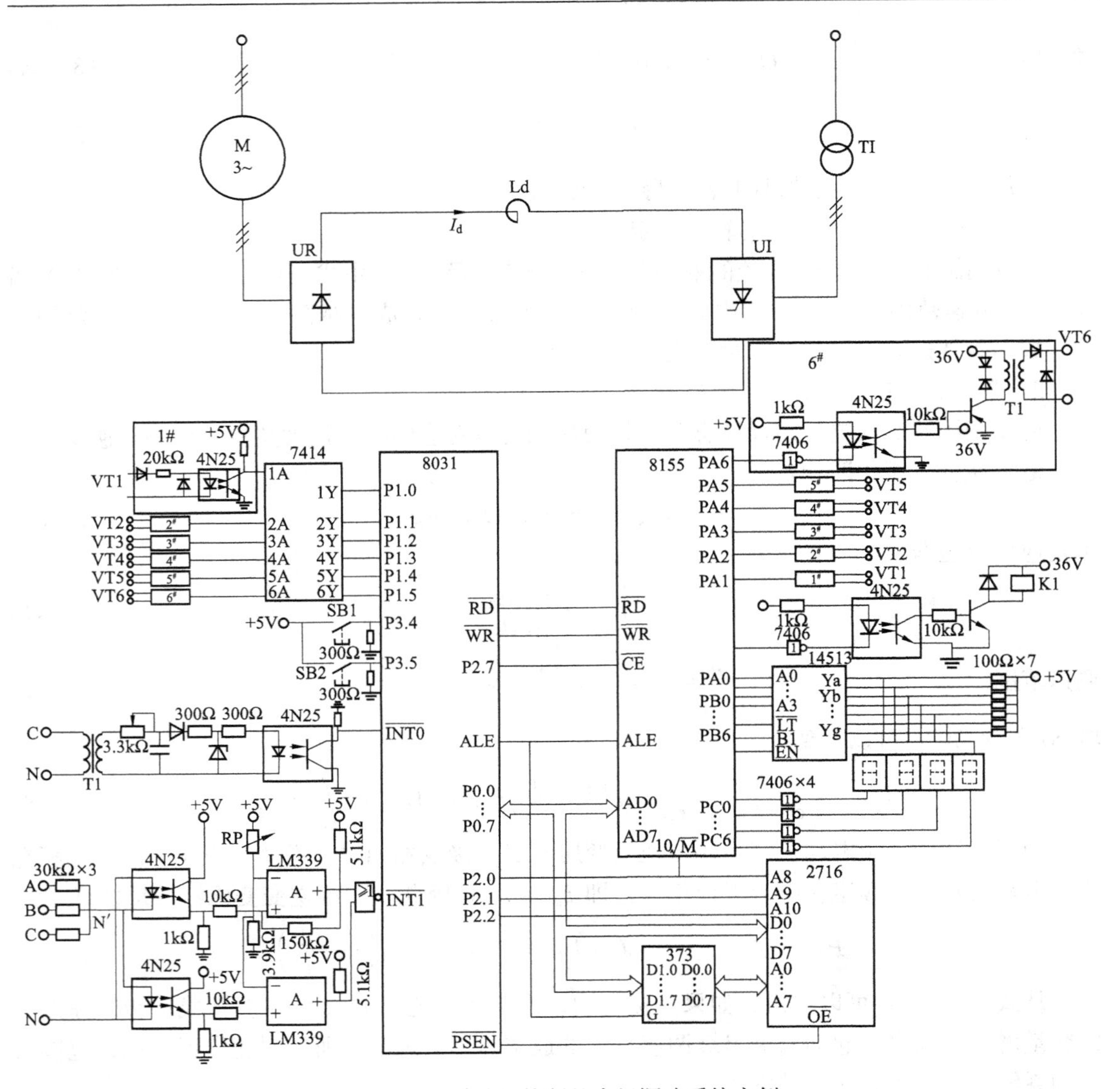

图 3-17 单片机控制的串级调速系统实例

管整流及光电耦合之后，送给 8031 单片机的外部中断源 INT0，使每周期在电源为零时产生一次外部中断，作为同步信号。8031 单片机每周期发 6 对触发脉冲，经过 8155 并行 I/O 接口的线去驱动 7406 驱动器、4N25 光耦合器、晶体管 V1、脉冲变压器 TI，被隔离及功率放大后，送到逆变桥晶闸管的门极。

图 3-17 所示的系统可以对晶闸管未导通、三相电源严重不对称或同步信号丢失这 3 种故障状态进行检测。

每当发出触发脉冲后，要检测相应的晶闸管是否已正常导通。即从晶闸管的阳、阴极两端取出信号，此信号经光电耦合、7414 施密特电路整形后送到 8031 单片机的 P1 口。若晶闸管导通，则管压降很小，施密特电路输出为低电平；若晶闸管未导通，则史密特电路输出为高电平。因此，在触发脉冲发出后，检测 P1 口的状态，可以得出晶闸管是否正常导通。

为了检测三相电源是否严重不对称，将三相电源通过 3 个数值相同的电阻接成星形。当三相电源电压对称时，N、N′两点电位相等，两个 LM339 电压比较器输出均为低电平，外部中断源 INT1 为高电平。当三相电源电压严重不对称时，N、N′两点电位不相等，于是光耦合器有输出，电压比较器输出翻转，使 INT=0，8031 单片机将收到电源严重不对称信号。

要检测同步信号是否丢失，可在 8031 单片机内设置一脉冲计数器。每当接收到同步信号后，每发一个触发脉冲，计数器就加 1。由于在同步信号的一个周期内只能发 6 个触发脉冲，因此，若计数器的计数值大于 6，则说明同步信号丢失。

当 8031 单片机一旦检测出晶闸管未导通、三相电源严重不对称或同步信号丢失的故障时，8031 单片机的程序软件一方面将逆变角 β 推至最小逆变角 β_{min}，加大直流附加电动势，限制主回路电流；另一方面还要由 8155 并行 I/O 接口的 PA 口、7406 驱动器、4N25 光耦合器、晶体管等输出保护信号，使继电器 K 通电动作，由该继电器触点控制有关接触器的通、断电，实现系统主电路从串级调速运行状态到异步电动机自然接线运行状态的切换。

串级调速系统的显示电路可实现对给定转速及故障的显示。8155 并行 I/O 接口的 PB 口进行段码输出，14513 译码、驱动器及发光二极管 LED 实现字段的驱动与显示，8155 并行 I/O 接口的 PC 口完成显示位的选择，并驱动 7406 驱动器控制 4 位发光二极管 LED 中的每一位进行显示。

思考与练习

3-1　试述绕线转子异步电动机串级调速的基本原理。

3-2　在晶闸管串级调速系统中，转子整流器在第一工作状态与在第二工作状态时的主要区别是什么？

3-3　试比较晶闸管串级调速系统与转子串电阻调速系统的总效率。

3-4　试分析低同步串级调速系统总功率因数低的主要原因，并指出提高系统总功率因数的主要方法。

3-5　怎样选择串级调速装置？

模块四　变频器的工作原理

变频调速技术是强弱电混合、机电一体的综合性技术，既要处理巨大电能的转换（整流、逆变），又要处理信息的收集、变换和传输，因此它的共性技术必定分成功率转换和弱电控制两大部分。前者要解决与高电压大电流有关的技术问题和新型电力电子器件的应用技术问题，后者要解决基于现代控制理论的控制策略和智能控制策略的硬、软件开发问题，在目前主要采用全数字控制技术。

知识目标

掌握交-直-交电压型变频器主电路的组成；在理解整流及逆变器工作原理的基础上，掌握交-直-交电压型变频器的工作原理；了解变频器常见的控制方式，掌握 U/f 控制方式和矢量控制方式及其特点。

技能目标

了解三菱 A700 变频器（型号可结合实际情况定义）的铭牌并能进行简单的拆卸与安装；能熟练掌握不同负载下选择设置不同的 U/f 控制曲线。

专题 4.1　变频器的主电路

现在使用的变频器主电路大多数为交-直-交电压型变频器，它是由整流部分、逆变部分和制动部分组成。

4.1.1　交-直-交变频器的主电路

交-直-交电压型变频器的主电路如图 4-1 所示。

1. 整流部分（交-直部分）

整流器是变频器中用来将交流变成直流的部分，它可以由整流单元、滤波电路，开启电路、吸收回路组成。

（1）整流单元。整流单元是由 VD1～VD6 组成的三相整流桥，将工频 380V 的交流电整流成直流，平均直流电压可用下式表示

$$U_D = 1.35U_L = 1.35 \times 380 = 513(\text{V})$$

式中　U_L——电源的线电压。

（2）滤波电容。滤波电容 C_F 的作用是对整流电压进行滤波。C_F 是一个大容量的电容器，它是电压型变频器的主要标志，对电流型变频器来说滤波的元件是电感。

（3）开启电流吸收回路。在电压型变频器的二极管整流电路中，由于在电源接通时，C_F 中将有一个很大的充电电流，该电流有可能烧坏二极管，容量较大的还可以形成对电网的干扰，影响同一电源系统的其他装置的正常工作，所以在电路中加装了由 R_L、SL 组成的限流回路，刚开机时，R_L 串入电路中，限制 C_F 的充电电流，充到一定程度后 SL 闭合将其切除。

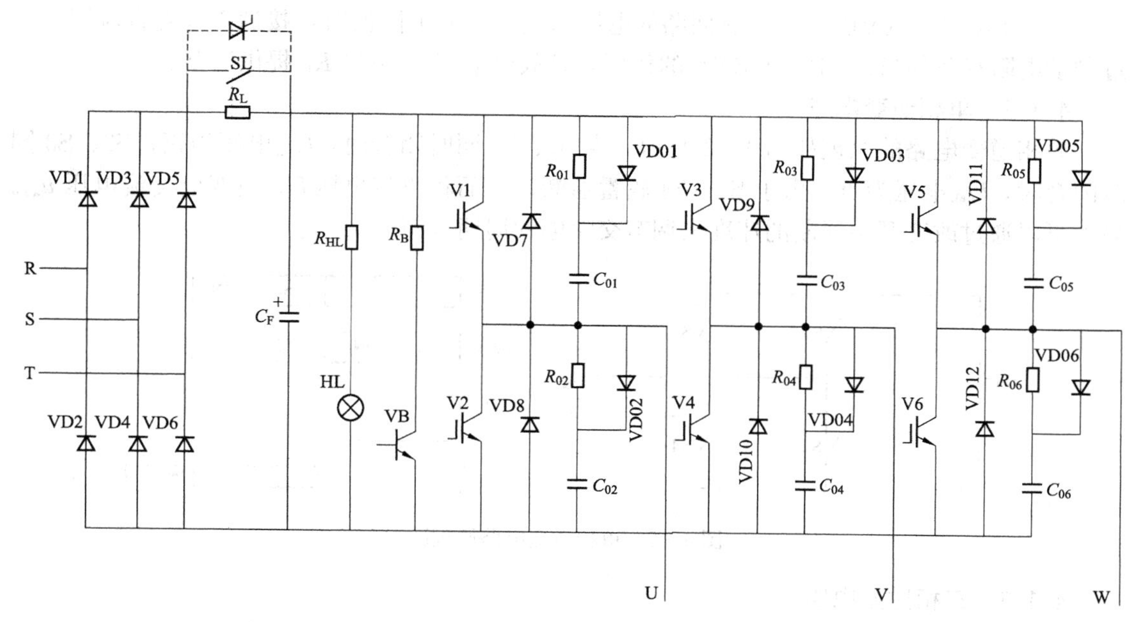

图 4-1　交-直-交电压型变频器主电路

2. 逆变部分（直-交部分）

逆变部分的基本作用是将直流变成交流，是变频器的核心部分。

(1) 逆变桥。在图 4-1 中，由 V1～V6 组成了三相逆变桥，V 导通时相当于开关导通，V 截止时相当于开关断开。现在常用的逆变管有绝缘栅双极晶体管（IGBT）、大功率晶体管（GTR）、可关断晶闸管（GTO）、功率场效应管晶体管（MOSFET）等。

(2) 续流二极管。续流二极管 VD7～VD12 的功能为：

1) 因电动机是一种感性负载，工作时其无功电流返回直流电源需 VD7～VD12 提供通路。

2) 降速时电动机处于再生制动状态，VD7～VD12 为再生电流提供返回直流的通路。

3) 逆变时 V1～V6 快速高频率地交替切换，同一桥臂的两管交替地工作在导通和截止状态，在切换的过程中，也需要给线路的分布电感提供释放能量的通路。

(3) 缓冲电路（R_{01}～R_{06}、VD01～VD06、C_{01}～C_{06}）。逆变管 V1～V6 每次导通状态切换成截止状态的关断瞬间，集电极和发射极之间的电压 U_{CE} 极快由 0V 升至直流电压值 U_D，这个过高的电压增长率会导致逆变管损坏，C_{01}～C_{06} 的作用就是减小电压增长率。V1～V6 每次由截止到导通瞬间，C_{01}～C_{06} 上所充的电压（等于 U_D）将向 V1～V6 放电，该放电电流的初始值很大，R_{01}～R_{06} 的作用就是减小 C_{01}～C_{06} 的放电电流。而 VD01～VD06 接入后，在 V1～V6 的关断过程中，使 R_{01}～R_{06} 不起作用。而在 V1～V6 的接通过程中，又迫使 C_{01}～C_{06} 的放电电流流经 R_{01}～R_{06}。

3. 制动部分

制动部分主要由制动电阻和制动单元组成。

(1) 制动电阻。变频调速在降速时处于再生制动状态，电动机回馈的能量到达直流电路，会使 U_D 上升，这是很危险的。需要将这部分能量消耗掉，电路中的电阻 R_B 就是用于消耗该部分能量的。

（2）制动单元（VB）。当直流回路的电压超过规定的上限值时，接通 VB 使直流回路通过制动电阻释放能量。VB（IGBT）的作用就是放电电流 I_B 流过 R_B 提供通路。

4.1.2 单相逆变电路

单相逆变电路的原理如图 4－2 所示。当 S1、S4 同时闭合时，U_{ab}电压为正；S2、S3 同时闭合时，U_{ab}电压为负。由于 S1～S4 轮番通断，从而将直流电压 U_D 逆变成交流电压 u_{ab}。另外可以通过改变开关通断的速度来调节交流电的周期（频率）。

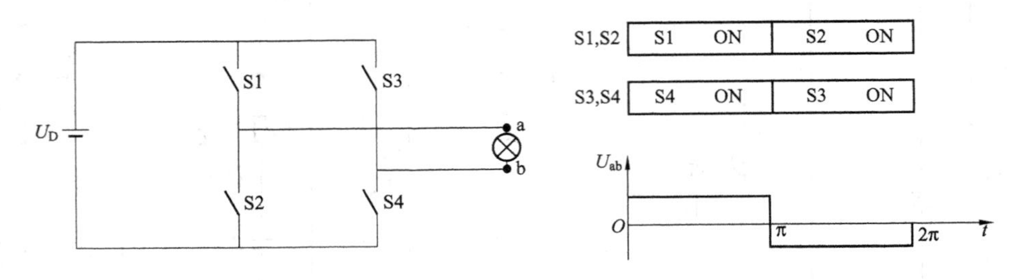

图 4－2 单相逆变电路原理图

4.1.3 三相逆变电路

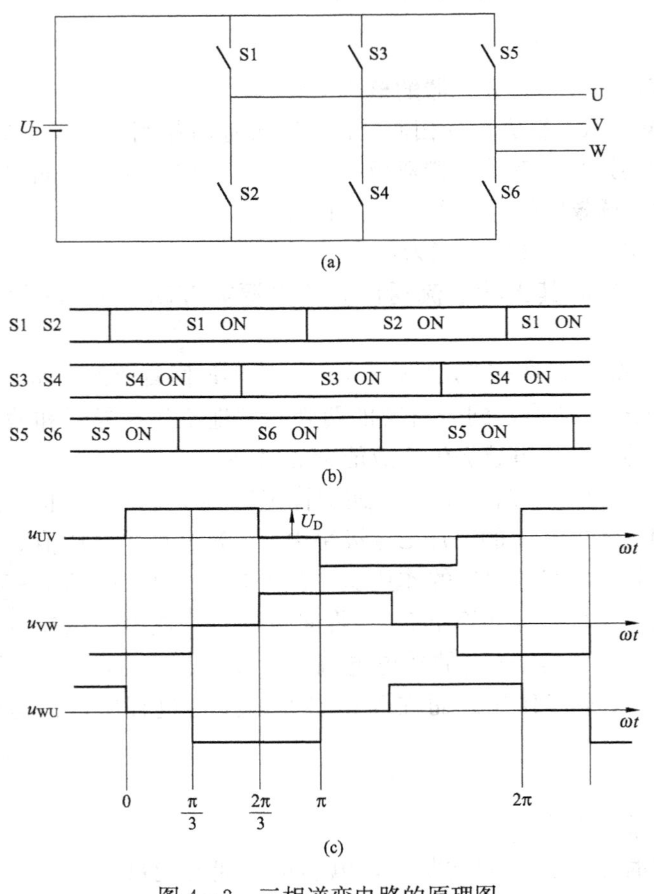

图 4－3 三相逆变电路的原理图
（a）结构；（b）开关通断规律；（c）波形

三相逆变电路的原理如图 4－3 所示。S1～S6 组成了桥式逆变电路，这 6 个开关交替地接通、关断就可以在输出端得到一个相位互相差 120°得三相交流电压。当 S1、S4 闭合时，u_{UV}为正；当 S3、S2 闭合时，u_{UV}为负。用同样的方法可得：S3、S6 同时闭合和 S5、S4 同时闭合，得到 u_{VW}；S5、S2 同时闭合和 S1、S6 同时闭合，得到 u_{WU}。

为了使三相交流电 u_{UV}、u_{VW}、u_{WU}在相位上依次相差 120°；各开关的接通、关断需符合一定规律，如图 4－3（b）所示。根据该规律可得 u_{UV}、u_{VW}、u_{WU}波形，如图 4－3（c）所示。

观察 6 个开关的位置及波形图可以发现：①各桥臂上的开关始终处于交替打开、关断的状态，如 S1、S2。②各相的开关顺序以各相的“首端”为准，互差 120°电角度。例如 S3 比 S1 滞后 120°，S5 比 S3 滞后 120°。

通过 6 个开关的交替工作可以

得到一个三相交流电，只要调节开关的通断速度就可调节交流电得频率，交流电的幅值可通过 U_D 的大小来调节。

专题4.2　变频器的控制方式

根据对逆变器的控制，变频器的控制方式主要有 U/f 控制、矢量控制和直接转矩控制3种。

4.2.1　变频变压（U/f）控制

前已述及，改变逆变管的通断速度就可以改变变频器输出交流电的频率，其中，输出交流电的幅值等于整流后的直流电压。经过研究还发现，电动机调速时仅仅改变变频器的输出频率，并不能正常调速，还必须同步改变变频器的交流输出电压。这是为什么呢？下面进行说明。

1. 变频对电动机定子绕组反电动势的影响

据前所述，由异步电动机的转速公式即式（2－1）可知，只需平滑地调节异步电动机的供电频率 f，就可以连续改变异步电动机的转速，实现调速运行。

异步电动机在调速运行时，定子绕组的反电动势 E_1 的表达式为

$$E_1 = 4.44 f_1 k_{N1} N_1 \Phi_M \tag{4-1}$$

由于式（4－1）中的 $4.44 k_{N1} N_1$ 均为常数，所以定子绕组的反电动势 E_1 也可表示为

$$E_1 \propto f_1 \Phi_M \tag{4-2}$$

又因电动机电动势平衡方程式中有

$$\dot{U}_1 = -\dot{E}_1 + \Delta\dot{U} \tag{4-3}$$

式中　$\Delta\dot{U}$——电动机定子绕组阻抗压降，$\Delta\dot{U}=\dot{I}_1(R_1+jX_1)$。

在额定频率时即 $f_1=f_N$ 时，可以忽略 ΔU 不计，可得到

$$U_1 \approx E_1$$

因此有

$$U_1 \approx E_1 \propto f_1 \Phi_M \tag{4-4}$$

如果 U_1 没有变化，可以认为 E_1 也基本不变。假设电动机定子绕组的反电动势 E_1 不变，改变定子供电频率时会出现以下两种情况：

（1）假设频率从额定频率 f_N 向上调节，Φ_M 将减小，即 $f_1\uparrow \rightarrow \Phi_M\downarrow$，电动机的铁心没有充分利用，造成浪费。

（2）假设频率从额定频率 f_N 向下调节，Φ_M 将增加，即 $f_1\downarrow \rightarrow \Phi_M\uparrow$，由于额定工作时电动机的磁通已经接近饱和，$\Phi_M$ 的继续增大，将会使电动机铁心出现深度饱和，这样将使励磁电流急剧升高，使电动机功率因数、效率下降，严重时会因绕组过热而烧毁电动机。

由此可见，变频调速时单纯调节频率的办法是行不通的。

因此，要实现变频调速，且在不损坏电动机的情况下电动机的铁心也能得到充分利用，应保持每极磁通 Φ_M 不变。

2. 额定频率以下的调速

为了在调节频率 f 的同时能保证维持 Φ_M 不变（即恒磁通控制方式），当在额定频率以下调频时，保持 E/f＝常数就可以维持 Φ_M 不变，但绕组中的感应电动势 E 不易直接控制测

量，当电动势的值较高时，可以认为电机的输入电压$U=E$，即通过控制U达到控制E的目的，即保持

$$\frac{U}{f}=\text{常数} \tag{4-5}$$

通过以上分析可知，在额定频率以下（$f<f_N$）调频时，调频的同时也要调压。

在恒压频比条件下改变频率时，异步电动机的机械特性基本上是平行下移的，不同的运行速度，电动机的输出的转矩恒定，如图 4-4 所示。因此，额定频率以下的调速是属于恒转矩调速。

需要注意的是，当频率较低，即电动机低速时，U和E都较小，电动机定子绕组上的阻抗压降不能忽略。这种情况下，可以人为地提高定子电压以补偿定子压降的影响，使气隙磁通基本保持不变。如图 4-5 恒转矩调速部分所示，其中曲线 1 为$U/f=$常数时电压、频率的关系曲线，曲线 2 为电压补偿时（近似的$E/f=$常数）的电压、频率关系曲线。

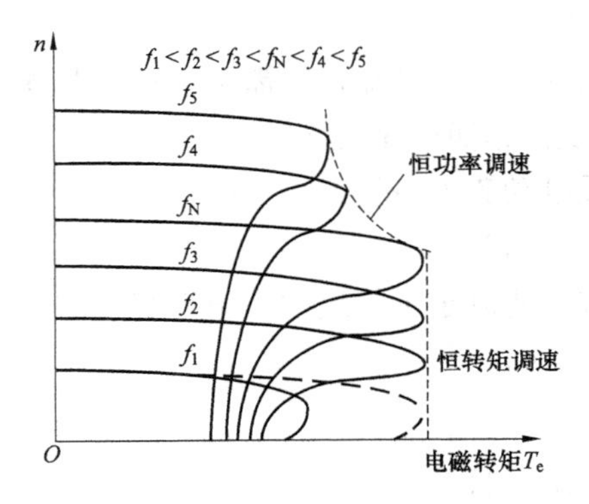

图 4-4 异步电动机变频调速的机械特性

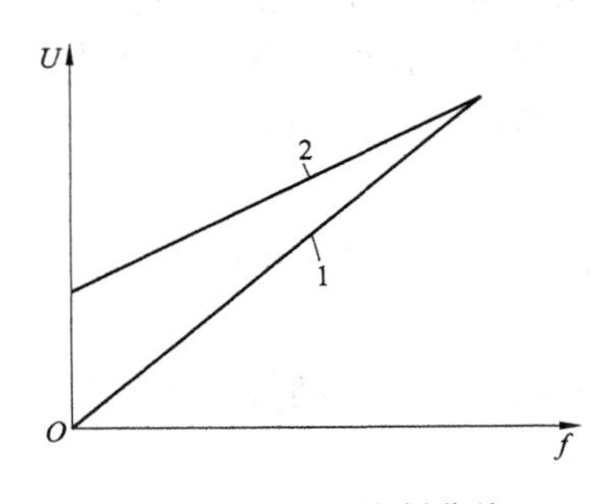

图 4-5 U/f控制曲线

3. 额定频率以上的调速

当电动机超过额定频率f_N工作时，由于电源电压U受其额定电压U_N的限制不能再升高，所以，在额定频率f_N以上调速时，只能向上调频率，不能向上调电压，电压必须保持$U=U_N$不变。保持U不变必然使主磁通Φ_M随着f的上升而减小，电动机的最大电磁转矩也减小，机械特性上移，但电动机的转速与转矩的乘积即电动机的输出功率却保持不变，如图 4-4 中恒功率调速部分所示。因此，额定频率以上的调速属于恒功率调速。

4. 变频变压的实现方法

要使变频器在频率变化的同时，电压也同步变化，并且维持$U/f=$常数，技术上有两种方法：脉幅调制（PAM）和脉宽调制（PWM）。

脉幅调制：其指导思想就是在调节频率的同时也调节整流后直流电压的幅值U_D，以此来调节变频器输出交流电压的幅值。此方法控制电路很复杂，现在少用。

脉宽调制：它的指导思想是将输出电压分解成很多的脉冲，调频时控制脉冲的宽度和脉冲间的间隔时间就可以控制输出电压的幅值，如图 4-6 所示。从图中可以看到，脉冲的宽度t_1越大，脉冲的t_2越小，输出电压的平均值就越大。为了说明t_1和t_2与电压平均值之间的关系，引入了占空比的概念。所谓占空比是指脉冲宽度与一个脉冲周期的比值，用D表示，即

$$D = \frac{t_1}{t_1 + t_2} \qquad (4-6)$$

因此可以说输出电压的平均值与占空比成正比，调节电压输出就可以演化成调节脉冲的宽度，所以叫脉宽调制。图4-6（a）为调制前的波形，电压周期为T_N；图4-6（b）为调制后的波形，电压周期为T_x。与图4-6（a）相比，图4-6（b）的电压周期增大（也可以说频率降低），电压脉冲的幅值不变，而占空比则减小，故平均电压降低。由于变频器的输出时正弦交流电，即输出电压的幅值是按正弦波规律变化，因此在一个周期内的占空比也必须是变化的，也就是说在正弦波的幅值部分，γ取大一些，在正弦波到达零处，γ取小一些，如图4-7所示。可以看到这种脉宽调制，其占空比是按正弦规律变化的，因此这种调制方法被称作正弦波脉宽调制（SPWM）。

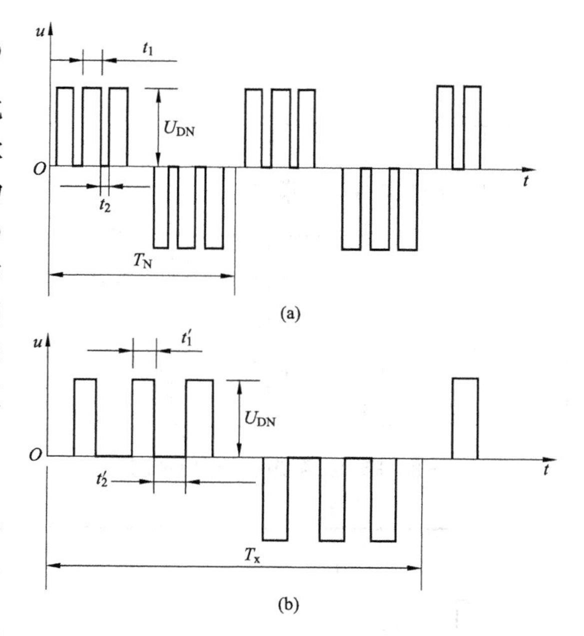

图4-6　脉宽调制的输出电压

（a）调制前的波形；（b）调制后的波形

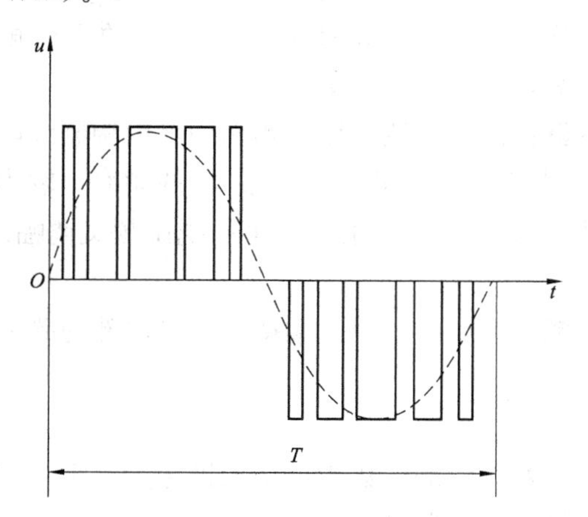

图4-7　正弦波脉宽调制的输出电压

SPWM的脉冲系列中，各脉冲的宽度t_1和脉冲间隔t_2都是变化的。为了说明它们的调制原理，先来看图4-8。图4-8中逆变器输出的交流信号是由V1～V6的交替切换产生的。其中V1导通时，在a相负载上得到的电压与V2导通时在a相负载上得到的电压方向相反，因此，V1和V2的轮流导通就可以得到a相交流电压的正、负半周。同样，其他管子的导通亦可得到三相交流电的b相和c相。在SPWM变频器中，V1和V2的导通、截止是由调制波和载波的交点来决定的。

在单极性SPWM调制方式中，调制波为正弦波u_{ra}，载波为单极性的等腰三角波u_t，如图4-9所示。

以a相为例，V1、V2的导通、关断条件可用表4-1表示。

表4-1　　V1、V2的导通、关断条件

正半周	$u_{ra} > u_t$	V1导通	V2截止
	$u_{ra} < u_t$	V1关断	
负半周	$u_{ra} > u_t$	V2导通	V1截止
	$u_{ra} < u_t$	V2关断	

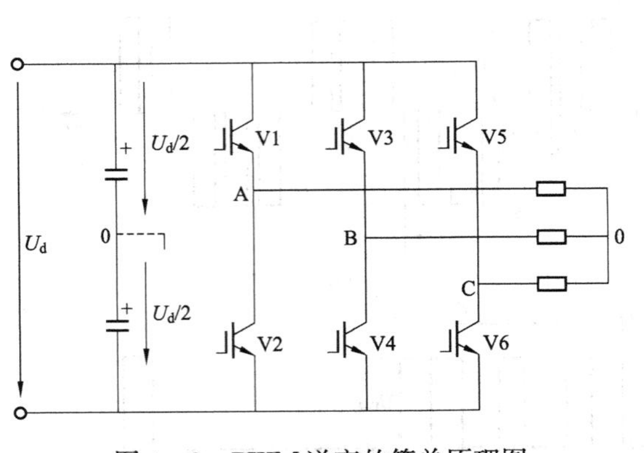

图 4-8 PWM 逆变的简单原理图

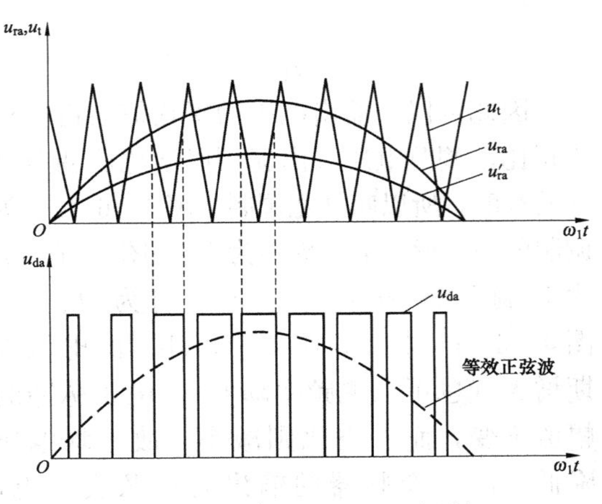

图 4-9 单极性 SPWM 调制

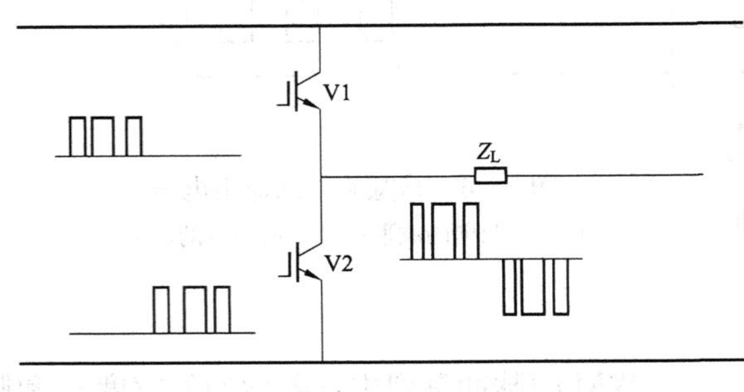

图 4-10 同一桥臂电流波形

$u_{ra}>u_t$ 时，逆变管 V1、V2 导通，决定了 SPWM 系列脉冲的宽度 t_1；$u_{ra}<u_t$ 时，逆变管 V1、V2 截止，决定了 SPWM 系列脉冲的间隔宽度 t_2。如果降低调制波的幅值，各段脉冲的宽度将变窄，输出电压的幅值也将相应减小；同属于一个桥臂的两个逆变管 V1、V2 交替导通，流经负载的也是正负交替的交变电流，如图 4-10 所示。

单极性 SPWM 调制特点：单极性 SPWM 逆变器输出的交流电压和频率均可由调制波电压 u_r 来控制。只要改变 u_r 的幅值，就可改变输出电压的大小，而只要改变 u_r 的频率，输出交流电压的频率也随之改变。可见只要控制调制波 u_r 的频率和幅值，就可以既调频又调幅。

4.2.2 矢量控制

矢量控制是通过控制变频器输出电流的大小、频率及相位，用以维持电动机内部的磁通为设定值，产生所需的转矩。

1. 矢量控制的理论基础

异步电动机的矢量控制是建立在动态数学模型的基础上的。数学模型的推导是一个专门性的问题，这里不再做数学推导，仅就矢量控制的概念做简要说明。

(1) 直流电动机的调速特性。直流电动机具有两套绕组，即励磁绕组和电枢绕组，它们的磁场在空间上互差 $\pi/2$ 电角度，两套绕组在电路上互相独立。励磁绕组流过电流 I_F 时产生主磁通 Φ_M，电枢绕组流过负载电流 I_A，产生的磁场为 Φ_A，两磁场在两空间互差 $\pi/2$ 电角度。直流电动机的电磁转矩可以表示为

$$T = C_T \Phi_M I_A \tag{4-7}$$

当励磁电流 I_F 恒定时，Φ_M 的大小不变。直流电动机所产生的电磁转矩 T 与电枢电流 I_A 成正比，因此调节 Φ_A 就可以调速，所以只需调节两个磁场中的一个就可以对直流电动机调速。这种调速方法使直流电动机具有良好的控制性能。

(2) 异步电动机的调速特征。异步电动机也有两组绕组，即定子绕组和转子绕组。但

是，只有定子绕组和外部电源相接，定子电流 $\dot{I}_1$ 是从电源吸取电流，转子电流 $\dot{I}_2$ 是通过电磁感应产生的感应电流。因此异步电动机的定子电流应包括两个分量，即励磁分量 $\dot{I}_0$ 和负载分量 $\dot{I}_2$，励磁分量用于建立磁场，负载分量用于平衡转子电流磁场（$\dot{I}_1=-\dot{I}_2+\dot{I}_0$）。

（3）直流电动机和异步电动机调速的差异：①直流电动机的励磁回路、电枢回路相互独立，而异步电动机将两者都集中于定子回路；②直流电动机的主磁场和电枢磁场互差 $\pi/2$ 电角度；③直流电动机是通过独立地调节两个磁场中的一个来进行调速的，而异步电动机则做不到。

（4）对异步电动机调速的思考。既然直流电动机的调速有如此多的优势，调速后电动机的性能又很优良，那么能否将异步电动机的定子电流分解成励磁电流和负载电流，并分别进行控制，而它们所形成的磁场在空间上也能互差 $\pi/2$ 电角度？如果能实现上述设想，则异步电动机的调速性能就可以和直流电动机相比较了。

2. 矢量控制的等效变换

异步电动机的定子电流实际上就是电源电流，将三相对称电流通入异步电动机的定子绕组中，就会产生一个旋转磁场，这个磁场就是主磁场 Φ_M。设想一下，如果将直流电流通入某种形式的绕组中，也能产生和上述旋转磁场一样的 Φ_M，就可以通过控制直流电实现前面所说的调速设想。

（1）坐标变换的概念。由三相异步电动机的数学模型可知，研究其特性并控制运行时，若用两相就比三相简单，如果能用直流控制就比交流控制更方便。为了对三相系统进行简化，就必须对电动机的参考坐标进行变换，这就称为坐标变换。在研究矢量控制时，定义有3种坐标系，即三相静止坐标系（3s）、两相静止坐标系（2s）和两相旋转坐标系（2r）。

交流电动机三相对称的静止绕组 A、B、C 通入三相平衡的正弦电流 i_A、i_B、i_C 时，所产生的合成磁动势是旋转磁动势 F，它在空间呈正弦分布，并以同步转速 ω_1 按 A、B、C 相序旋转，其等效模型如图 4-11（a）所示。

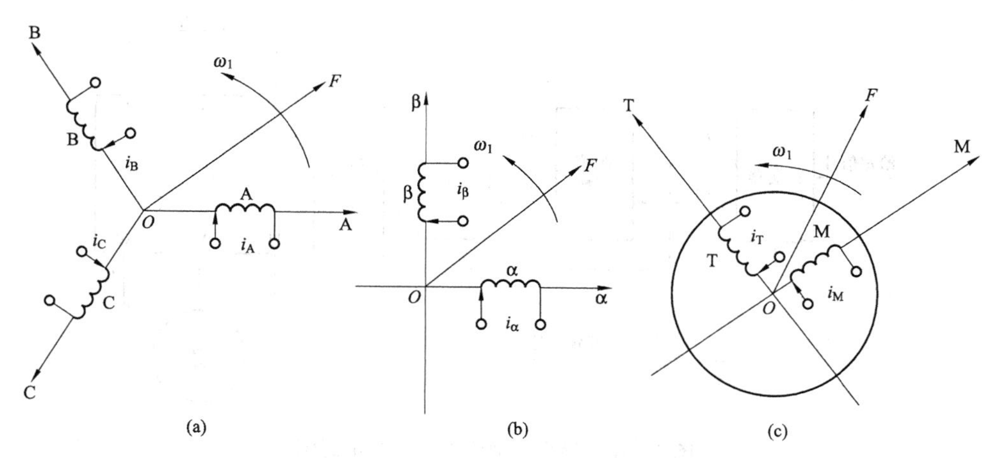

图 4-11　异步电动机的几种等效模型

（a）三相电流绕组；（b）两相交流绕组；（c）旋转的直流绕组

两相静止绕组 α 和 β 在空间互差 90°，再两相绕组上通以时间上互差 90°的两相平衡电流，也能产生旋转磁动势，与三相等效，其等效模型如图 4-11（b）所示。

设有一个旋转体 R，在 R 上放置两个匝数相等且互相垂直的直流绕组 M 和 T，分别通以直流电流 i_M 和 i_T，可以合成一个恒定磁场。当旋转体以同步转速 ω_1 旋转时，则这个恒定磁场就变成了一个旋转磁场，把这种旋转磁场称作为机械旋转磁场。如图 4-11（c）所示。将 i_M 叫作励磁电流信号，i_T 叫作转矩电流信号。调节任何一个电流，合成磁场的强度都可以得到调整。

（2）磁场间的等效变换。如果上述三种旋转磁场的磁极对数、磁感应强度、转速都相等，就可以认为三相磁场系统、两相磁场系统和旋转磁场系统是等效的。

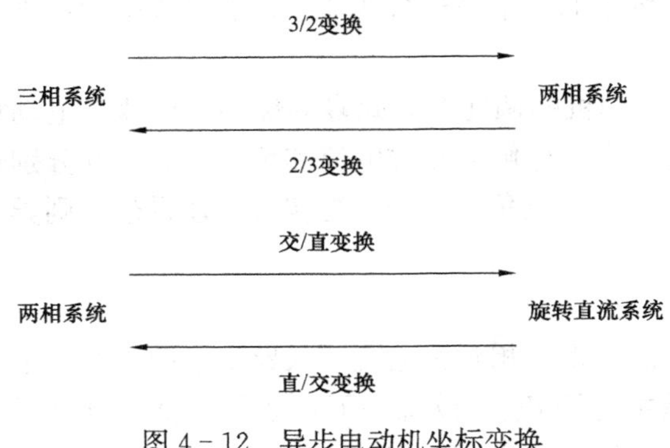

图 4-12 异步电动机坐标变换

通常把三相静止坐标系 A、B、C 与两相静止坐标系 α、β 之间的变换，称为 3s/2s 变换；把两相静止坐标系 α、β 与两相旋转坐标系 M、T 之间的变换，称为 2s/2r 变换，因变换的运算功能是由矢量旋转变换来完成的，2s/2r 变换又称为矢量旋转变换。以上两种变换（见图 4-12）是异步电动机矢量控制理论的核心。

3. 变频器矢量控制的基本思想

在上述三种旋转磁场中，旋转体的旋转磁场无论是从绕组的结构上，还是在控制的方式上都与直流电动机最相似。可以设想有两个相互垂直的直流绕组同处在一个旋转体上，通入的是直流电流 i_M^* 和 i_T^*，其中 i_M^* 是励磁电流分量，i_T^* 是转矩电流分量（* 是变频中的控制信号）。它们都是由变频器的给定信号分解而成的。经过直/交变换，将 i_M^* 和 i_T^* 变换成两相交流信号 i_α^* 和 i_β^*，再经过 2/3 变换得到三相交流控制信号 i_A^*、i_B^*、i_C^* 去控制三相逆变器，如图 4-13 所示。

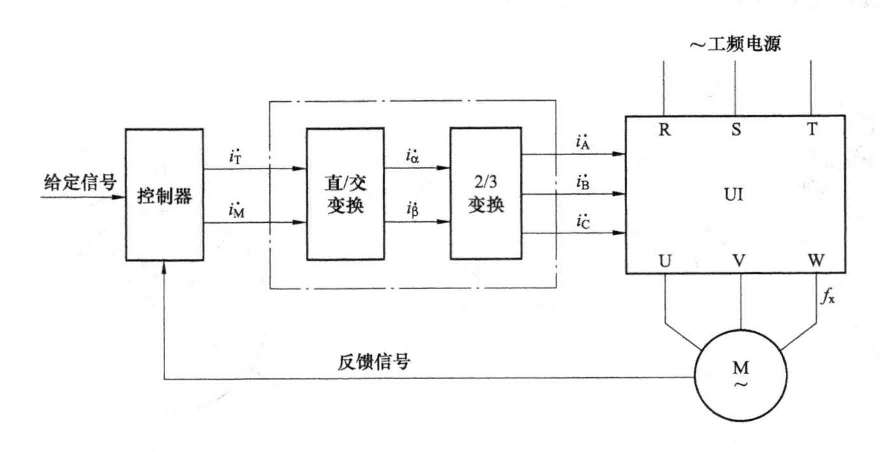

图 4-13 异步电动机矢量控制示意图

由此可以看出，控制 i_M^* 和 i_T^* 中的一个，就可以控制 i_A^*、i_B^*、i_C^*，也就是控制了变频器的交流输出。通过这样变换，将交流电动机的调速转化为控制两个控制量 i_M^* 和 i_T^*，从而很接近直流电动机的调速。

图 4－13 中所示的反馈信号，一般有电流反馈信号和速度反馈信号两种，电流反馈用于反映负载的状态，使电流能随负载而变化。速度反馈反映出拖动系统的实际转速和给定值之间的差异，从而以最快的速度进行校正，提高了系统的动态性能，一般的矢量控制系统均需速度传感器，然而速度传感器会使整个传动系统不可靠，安装也很麻烦，因此现代的变频器通常使用无速度传感器矢量控制技术，它的速度反馈信号不是来自速度传感器，而是通过 CPU 对电动机的一些参数进行计算得到的一个转速的实际测量值，由这个计算出的转速实际测量值与给定值之间的差异来调节 i_M^* 和 i_T^*，改变变频器的输出频率和电压。

很多新系列的变频器都设置了“无反馈矢量控制”这一功能，实质上就是“无速度传感器矢量控制”，是指其速度反馈为变频器内部计算获得，而无需在电动机末端安装速度传感器，使异步电动机的机械特性可以与直流电动机的机械特性相媲美。

4.2.3　直接转矩控制

1. 直接转矩控制的基本思想

直接转矩控制是继矢量控制之后发展起来的另一种高性能的异步电动机控制方式，该技术在很大程度上解决了矢量控制的不足，并以新颖的控制思想、简洁明了的系统结构、优良的动静态性能得以迅速发展。

直接转矩控制的基本思想是：在准确观测定子磁链的空间位置和大小并保持其幅值基本恒定以及准确计算负载转矩的条件下，通过控制电动机的瞬时输入电压来控制电动机定子磁链的瞬时旋转速度，改变它对转子的瞬时转差率，从而达到直接控制电动机输出的目的。

直接转矩控制直接在定子坐标系下分析交流电动机的数学模型，控制电动机的磁链和转矩。它不需要将交流电动机等效为直流电动机，从而省去了矢量旋转变换中的许多复杂计算，它不需要模仿直流电动机的控制，也不需要为解耦而简化交流电动机的数学模型。直接转矩控制的基本原理如图 4－14 所示，定子磁链和电磁转矩分别采用闭环控制，Ψ_s^2、T_{ei}^* 分别为定子磁链模值和电磁转矩的给定信号，Ψ_s'、T_{ei}' 分别为定子磁链模值和电磁转矩的估计值，作为反馈信号使用。根据误差信号，转矩调节器输出转矩增、减控制信号 C_T；磁链调节器输出磁链增、减控制信号 C_Ψ。开关表根据 C_Ψ、C_T 以及估计器输出的磁链扇区信号，选择正确的定子电压空间矢量，输出控制字 $S_{A,B,C}$ 给逆变器。

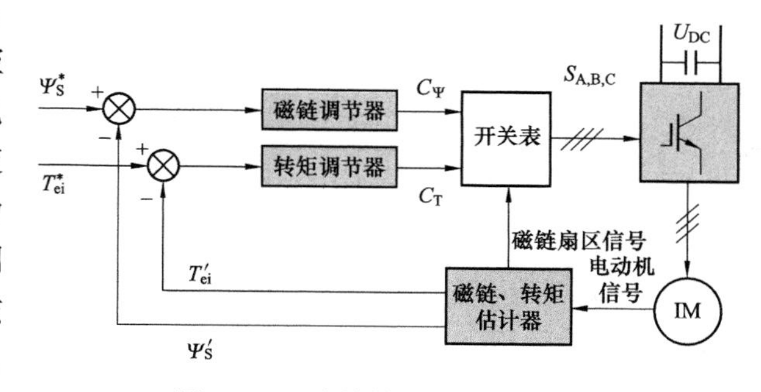

图 4－14　直接转矩控制的原理图

2. 直接转矩控制的特点及应用

不同于矢量控制，直接转矩控制具有鲁棒性强、转矩动态响应性好、控制结构简单、计算简便等优点，它在很大程度上解决了矢量控制中结构复杂、计算量大、对参数变化敏感等问题，但也有其不完善、不成熟之处：一是在低速区，由于定子电阻的变化带来了一系列问题，主要是定子电流和磁链的畸变非常严重；二是低速时转矩脉动大，因而限制了调速范围。

随着现代科学技术的不断发展，直接转矩控制技术必将有所突破，具有广阔的应用前景。目前，该技术已成功地应用在电力机车牵引的大功率交流传动上。

思考与练习

4-1 交-直-交变频器主要由哪几部分组成？简述各部分的作用。

4-2 简述逆变的原理。

4-3 在何种情况下变频也需变压？在何种情况下变频不能变压？为什么？在上述两种情况下电动机的调速特性有何特征？

4-4 当电动机具有恒转矩、恒功率输出时，反映在机械特性上有何特征？

4-5 简述变频变压的实现方法。

4-6 矢量控制的理论基础和核心分别是什么？

4-7 矢量控制有什么优越性？

4-8 直接转矩控制有什么特点？

模块五　变频器的基本运行项目

将变频器应用到具体的生产机械时，需要了解变频器的主回路和控制回路端子功能，同时还需要熟悉变频器操作面板的使用和相关参数的设置。本模块将以三菱 A740 变频器为例，介绍主回路、控制回路接线方法和操作面板及相关参数设置的方法。

知识目标

了解变频器的铭牌；熟悉主回路、控制回路端子的功能；熟悉变频器的面板操作说明和参数设置方法；理解变频器的多挡调速原理、PID 控制原理。

技能目标

能够完成变频器主回路、控制回路的接线；能根据不同控制要求设置变频器的运行模式；能正确设置变频器的多挡调速的相关参数；能理解变频器的 PID 参数设置。

项目 5.1　初识 FR－A740 变频器

目前国内外生产的变频器种类很多，不同生产厂家生产的变频器基本使用方法和提供的功能大同小异。下面以日本三菱通用变频器 FR－A740 系列为例来介绍面板操作运行功能。

5.1.1　变频器的外形介绍

FR－A740 系列变频器是三菱公司推出的一款多功能型、适用一般负载的变频器。从图 5－1 中可看到变频器的操作面板和额定铭牌。操作面板型号为 FR－DU04，操作面板包括键盘、旋钮和显示器。位于变频器下方的是额定铭牌和容量铭牌，如图 5－2 和图 5－3 所示，额定铭牌包括变频器型号、额定输入电流、额定输出电流和制造编号，其中在不同的环境温度下，变频器过载电流有所差异。容量铭牌包括变频器的容量和输出电压等级。A740 表明变频输出电压为 3 相 400V，3.7K 表明变频器容量为 3.7kW。

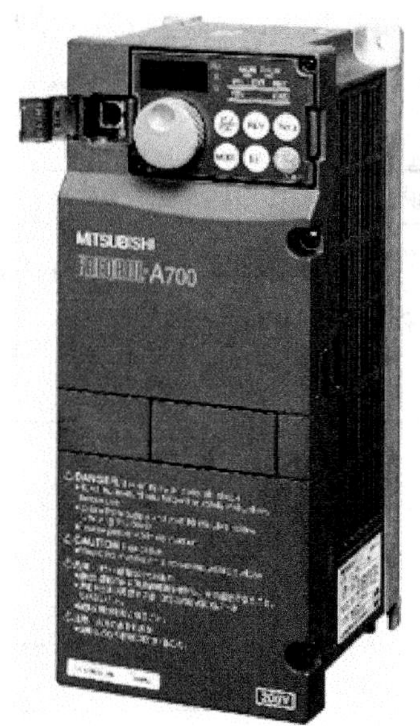

图 5－1　FR－A740 型变频器

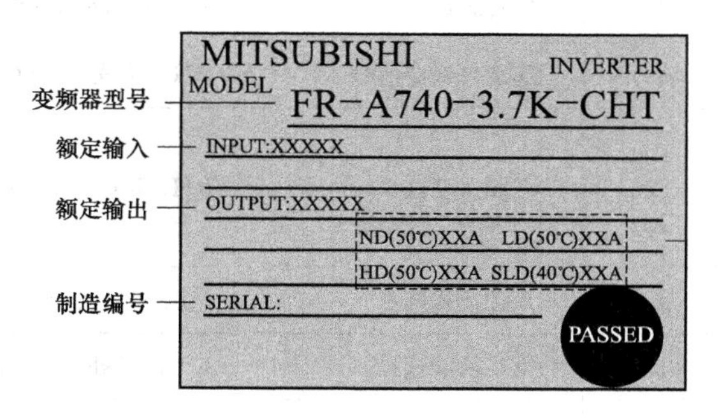

图 5－2　额定铭牌

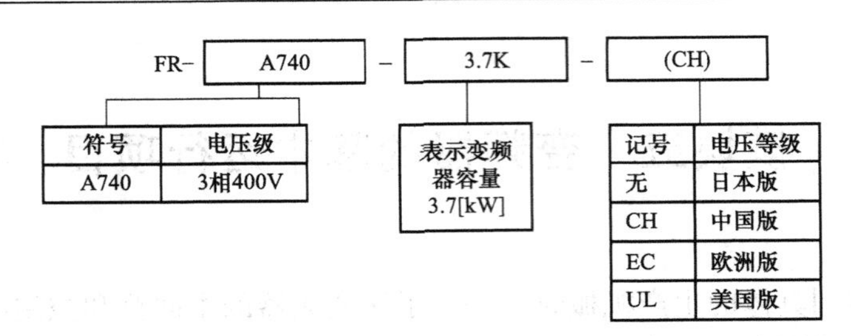

图 5-3 容量铭牌

5.1.2 变频器的接线端子

拆开变频器的前盖，可以看到变频器的接线端子排。三菱 FR-A740 变频器接线端子主要由两部分组成：一部分是主电路接线端子，另一部分是控制电路接线端子。主回路接线端子的功能说明见表 5-1。R/L1、S/L2、T/L3 为工频电源输入端，而 U、V、W 为变频器的输出端。二者不可接反，否则会烧坏变频器。

表 5-1 主回路接线端子功能说明

端子记号	端子名称	端子功能说明
R/L1 S/L2 T/L3	交流电源输入	连接工频电源
U、V、W	变频器输出	接三相笼型电动机
R1/L11 S1/L21	控制回路用电源	与交流电源端子 R/L1，S/L2 相连

变频器控制端子包括输入信号、输出信号和通信三部分。表 5-2 为输入信号端子说明，端子功能说明中的信号处于“ON”的状态是指该信号与公共输入端子接通，信号处于“OFF”的状态是指该信号与公共输入端子的连接断开。例如：STF 信号处于“ON”，则表明 STF 信号端子与公共输入端子连接。表 5-3 为输出信号端子说明。

表 5-2 输入信号端子说明

端子记号	端子名称	端子功能说明	
STF	正转起动	STF 信号处于 ON 时正转，处于 OFF 便停止	STF、STR 信号同时为 ON，停止输出
STR	反转起动	STR 信号处于 ON 时反转，处于 OFF 便停止	
STOP	起动自保持信号	STOP 信号处于 ON 时，可选择起动信号自保持	
RH RM RL	多段速度选择	RH、RM 和 RL 信号的 ON/OFF 状态不同组合可选择多段速度	
JOG	点动模式选择	JOG 信号处于 ON 时，用起动信号（STF/STR）可以点动运行	
RT	第二功能选择	RT 信号处于 ON 时，第 2 功能被选择	
MRS	输出停止	MRS 信号处于 ON 时（20ms 以上）时，变频器停止输出	

续表

端子记号	端子名称	端子功能说明
RES	复位	复位用于解除保护回路动作的保持状态，要求 RES 信号处于 ON 在 0.1s 以上，然后断开
AU	电流输入选择	仅在 AU 信号处于 ON 时，变频器才可用直流 4～20mA 作为频率设定信号
CS	瞬停电再起动选择	CS 信号应在开机前处于 ON，瞬时停电再恢复时变频器便可自动起动
SD	公共输入端子（漏型）	直流 24V 电源的输出公共端，接点输入端子的公共端子（漏型逻辑）
PC	直流 24V 电源和外部晶体管公共端（源型）	接点输入端子（源型逻辑）的公共端子
10E	频率设定用电源	直流 10V 电源容许负载电流 10mA
10		直流 5V 电源容许负载电流 10mA
2	频率设定（电压）	输出频率与输入电压成正比。输入电压范围为直流 0～5V 或 0～10V。当输入 5V 电压时，输出的频率最大
4	频率设定（电流）	输出频率与输入电流成正比。输入电流范围为直流 4～20mA，当输入电流为 20mA 时，输出的频率最大
1	辅助频率设定	输入直流电压 0～±5V 或 0～±10V 时，端子 2 或 4 的频率设定信号与这个信号相加

表 5－3　　输出信号端子说明

端子记号	端子名称	端子功能说明
A1	继电器输出 1	指示变频器因保护功能动作时输出停止的转换接点。故障时 B－C 间不导通（A－C 导通）；正常时 B－C 间导通（A－C 间不导通）
B1		
C1		
A2	继电器输出 2	
B2		
C2		
RUN	变频器正在运行	该端子在变频器输出频率为起动频率（初始值 0.5Hz）以上时为低电平，在停止或直流制动时为高电平
SU	频率到达	输出频率达到设定频率的±10%（出厂值）时为低电平，正在加/减速或停止时为高电平
OL	过负载报警	当失速保护功能动作时为低电平，失速保护功能解除时为高电平
IPF	瞬时停电	瞬时停电，电压不足保护动作时为低电平
FU	频率检测	输出频率为任意设定的检测频率以上时为低电平，未达到时为高电平
SE	集电极开路输出公共端	端子 RUN，SU，OL，IPF，FU 的公共端子
CA	模拟电流输出	可从多种监视项目中选一种作为输出，输出信号与监视项目的大小成比例
AM	模拟电压输出	

项目 5.2　变频器的面板操作

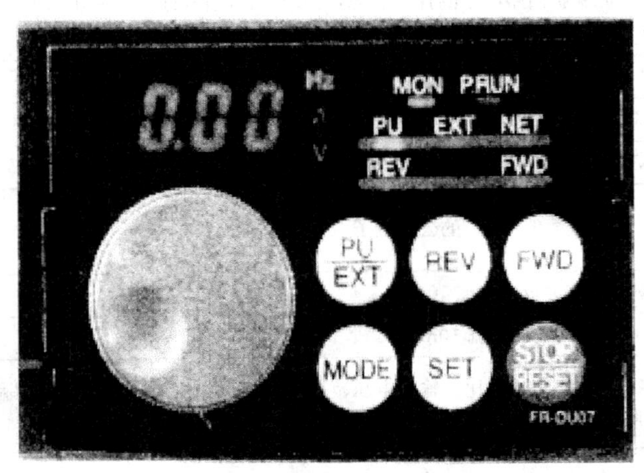

图 5-4　FR-DU07 型变频器操作面板

变频器的控制对象是异步电动机，电动机拖动不同机械设备时所设置的参数不同。下面介绍变频器的面板操作说明和参数设置方法。

5.2.1　变频器的操作面板

变频器的参数设置、报警和故障代码查询、基本操作等都是通过操作面板来实现。图 5-4 为 FR-DU07 型变频器的操作面板。其上半部分为面板显示，下半部分为按键部分。操作面板显示部分各功能见表 5-4，按键部分功能见表 5-5。

表 5-4　　**操作面板显示功能表**

显示	功能	显示	功能
8.8.8.8.	4 位 LED 显示器，用于显示功能参数、频率、电压、电流	EXT	外部运行模式时，灯亮
Hz	监视器显示频率时，灯亮	NET	网络运行模式时，灯亮
A	监视器显示电流时，灯亮	FWD	正转运行时，灯闪烁
V	监视器显示电压时，灯亮	REV	反转运行时，灯闪烁
MON	处于监视显示模式时，灯亮	PRUN	无功能
PU	PU 运行模式时，灯亮		

表 5-5　　**操作面板按键功能表**

按键	功能
MODE 键	用于切换各设定模式
SET 键	(1) 用于确定频率和参数的设定； (2) 在监视运行中，按下该键，监视器将循环显示“运行频率”“输出电流”和“输出电压”
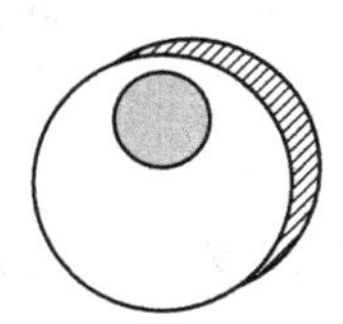	用于设置频率值和改变参数的设定值

续表

按键	功能
PU/EXT	（1）用于PU和EXT运行模式间的切换； （2）在EXT运行模式下，按下此键，切换到PU模式，此时PU灯亮。 PU—内部运行模式；EXT—外部运行模式
FWD键	操作正转起动
REV键	操作反转起动
STOP/RESET	（1）停止运行； （2）在变频器发生保护功能动作而输出停止时，操作复位变频器（主要用于故障）

5.2.2　变频器的面板操作

FR－A740型变频器面板的工作模式有监视/频率设定模式、参数设定模式和报警历史模式3种。这3种工作模式可以相互切换，具体操作如下：

（1）监视/频率设定模式。当变频器通电时，操作面板显示“0.00”，且Hz、MON和EXT这3个指示灯都被点亮，如图5－5所示。该模式称为“监视模式”。在监视器模式中按SET键可以循环显示输出频率，输出电流和输出电压。按PU/EXT键切换到PU运行模式，如图5－6所示，再次按下PU/EXT键时将进入到PU点动运行模式。此时，显示器显示JOG，可通过按下PU/EXT键退出此模式。在PU运行模式下，旋转M旋钮，可以变更频率参数。再按下SET键时，显示器将出现F与所设定的频率不断切换闪烁，则频率设定写入完毕，此时PU指示灯被点亮。

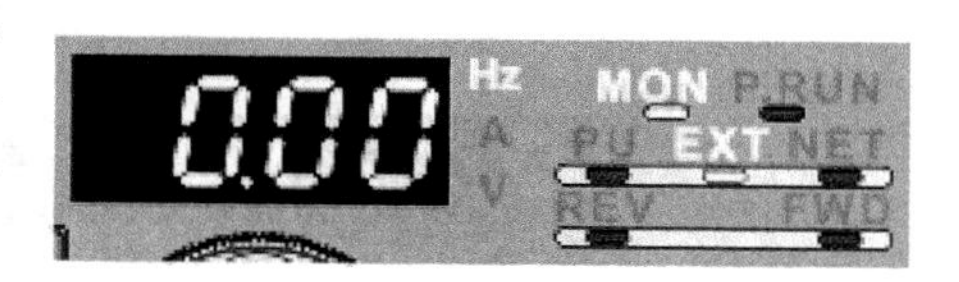

图5－5　供给电压时外部运行模式

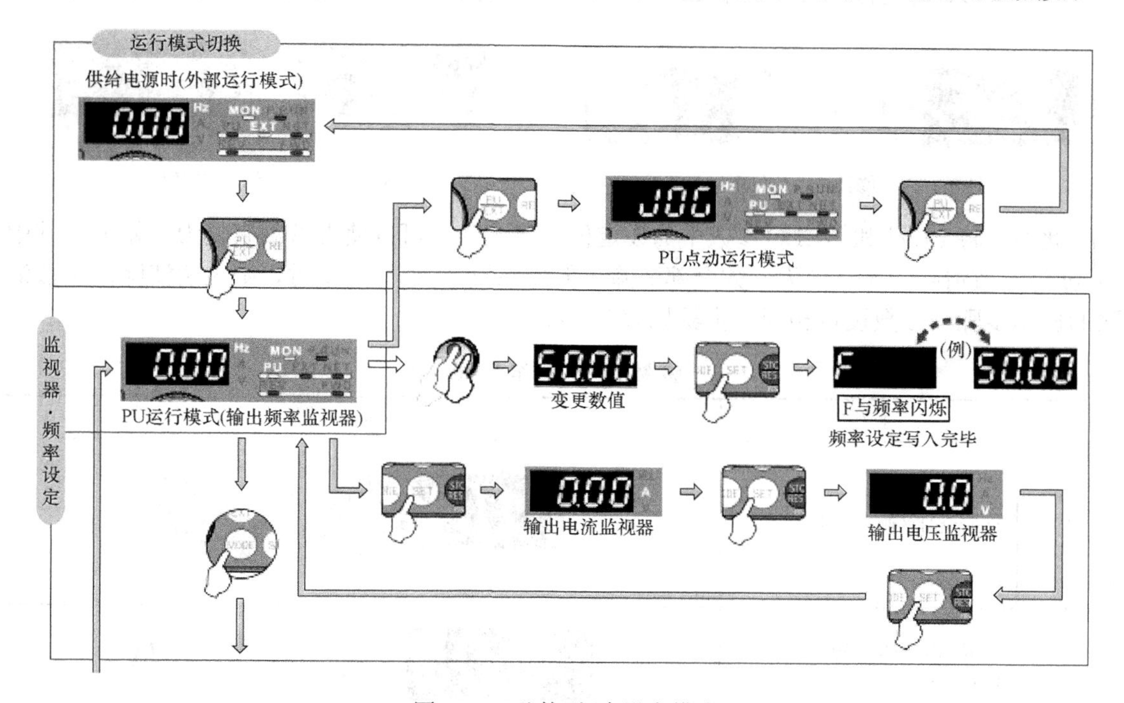

图5－6　监控/频率设定模式

(2) 参数设定模式。参数设定模式用于完成变频器运行控制功能设定的操作，根据控制功能的不同，参数设定模式的操作可作为变频器输入控制指令及控制参数值。例如通过设定参数 Pr. 7 可改变变频器输出频率的加速时间，具体操作步骤如下：

1) 开机通电，画面监视器显示如图 5-7 所示。

2) 按下 PU/EXT 键，选择 PU 操作模式，其显示结果如图 5-8 所示。

图 5-7　通电时监视器显示画面

图 5-8　PU 显示时亮灯

3) 按下 MODE 键进行参数设定，其显示结果如图 5-9 所示。

4) 旋转设定用的旋钮，选择参数号码 P7，其显示结果如图 5-10 所示。

图 5-9　显示以前读出的参数编号

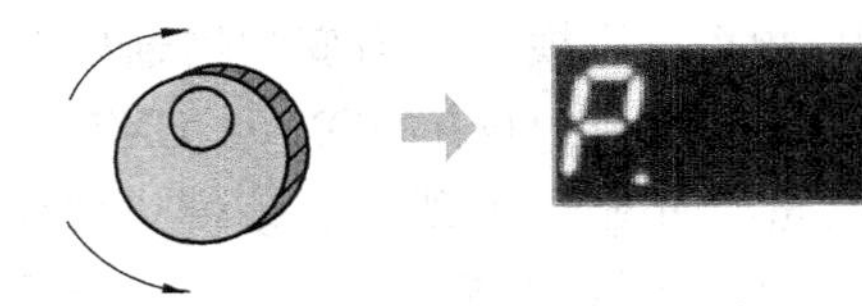

图 5-10　显示加速时间参数 Pr. 7

5) 按 SET 键读取当前设定值，显示初始值“5.0”。不同容量的变频器的初始值也不相同。对于功率在 7.5kW 以下，其初始值为 5s；功率在 11kW 以上，其初始值为 15s。旋转按钮改变设定值为“10.0”，如图 5-11 所示。

6) 按 SET 键进行设置。按下 SET 键后，闪烁显示设定值和参数，如图 5-12 所示。

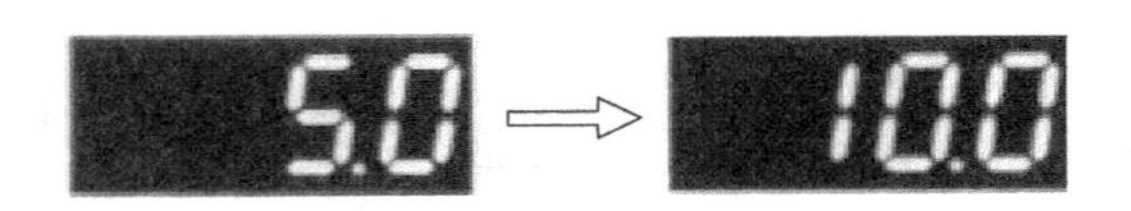

图 5-11　修改加速时间为 10s

图 5-12　设定值与参数闪烁

此外，将 Pr. cl 和 ALLC 参数中的设定值 0 修改为 1 可以使得参数恢复为初始值。其中 Pr. cl 为参数清除，ALLC 为参数全部清除。但如果设定 Pr. 77=1 时，则无法清除。参数清除的操作步骤与参数设定相同，步骤见表 5-6。

表 5-6　参数清除操作步骤

序号	操作	显示
1	通电时的画面监视器	0.00 Hz A V MON P.RUN PU EXT NET REV FWD
2	按 PU/EXT 键，切换到 PU 模式	0.00 PU EXT NET

续表

序号	操作	显示
3	按下 MODE 键进行参数设定	 MODE → P. 0
4	旋转按钮，找到 Pr. cl 或（ALLC）	 → Pr.CL 或 → ALLC 
5	按 SET 键读取当前设定值，显示“0”	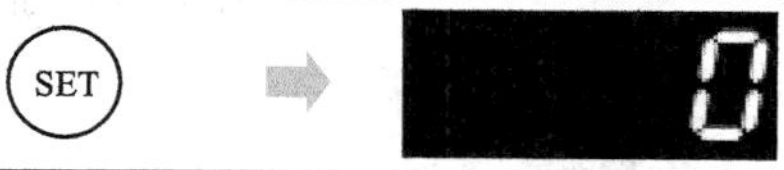 SET → 0
6	旋转按钮改变设定值“1”	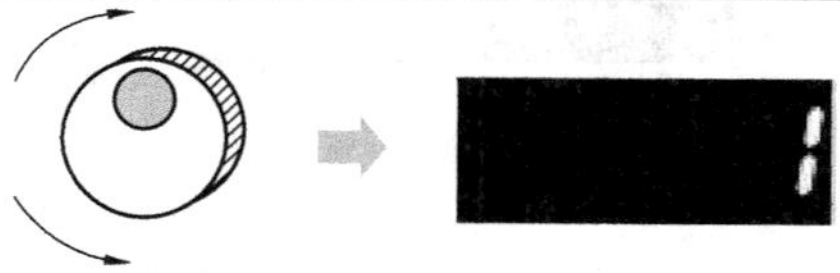 → 1
7	按 SET 键进行设定	 SET → 1 Pr.CL 或 SET → 1 ALLC

（3）报警历史模式。变频器具有确认报警历史和清除报警历史的功能，通过 M 标度盘能够显示过去的 8 次报警记录，具体的操作步骤如图 5－13 所示。变频器通电时，监视器显示 0.00。按下 MODE 键切换到参数设定模式，监视器显示 P. 0。再次按下 MODE 键可确定报警历史，如果存在报警记录，则显示 E---；如果没有出现报警，则显示 EO。此时再次按下 MODE 键则返回到监视模式。若报警记录显示 E---；顺时针旋转 M 按钮可以依次闪烁显示出现的几次报警记录，其中最新的报警记录带“.”符号，如 E. OC1。按下 M 旋钮，则监视器能够显示报警历史编码。例如：在监视器闪烁 E. OC1 时，按下 M 旋钮后监视器显示 1，表示过去的第一个错误，如图 5－14 所示。除显示报警记录和历史编码外，监视器通过 SET 键还可显示报警时变频器输出的频率、电流、电压和变频器的通电时间。以报警记录 E. OC1 为例，具体操作步骤如图 5－15 所示。在监视器闪烁显示 E. OC1 时，按下 SET 键，可闪烁显示报警时输出的频率“60Hz”。再按下 SET 键，可闪烁显示报警时输出的电流“10A”。再按下 SET 键，可闪烁显示报警时输出的电压“200V”。再按下 SET 键，可闪烁显示报警时变频器通电的时间“0.001”，其中 1h=0.001，通电时间从 0 累计到 65535h，当监视器显示 65.53 则表明计时时间累计达 65535h。

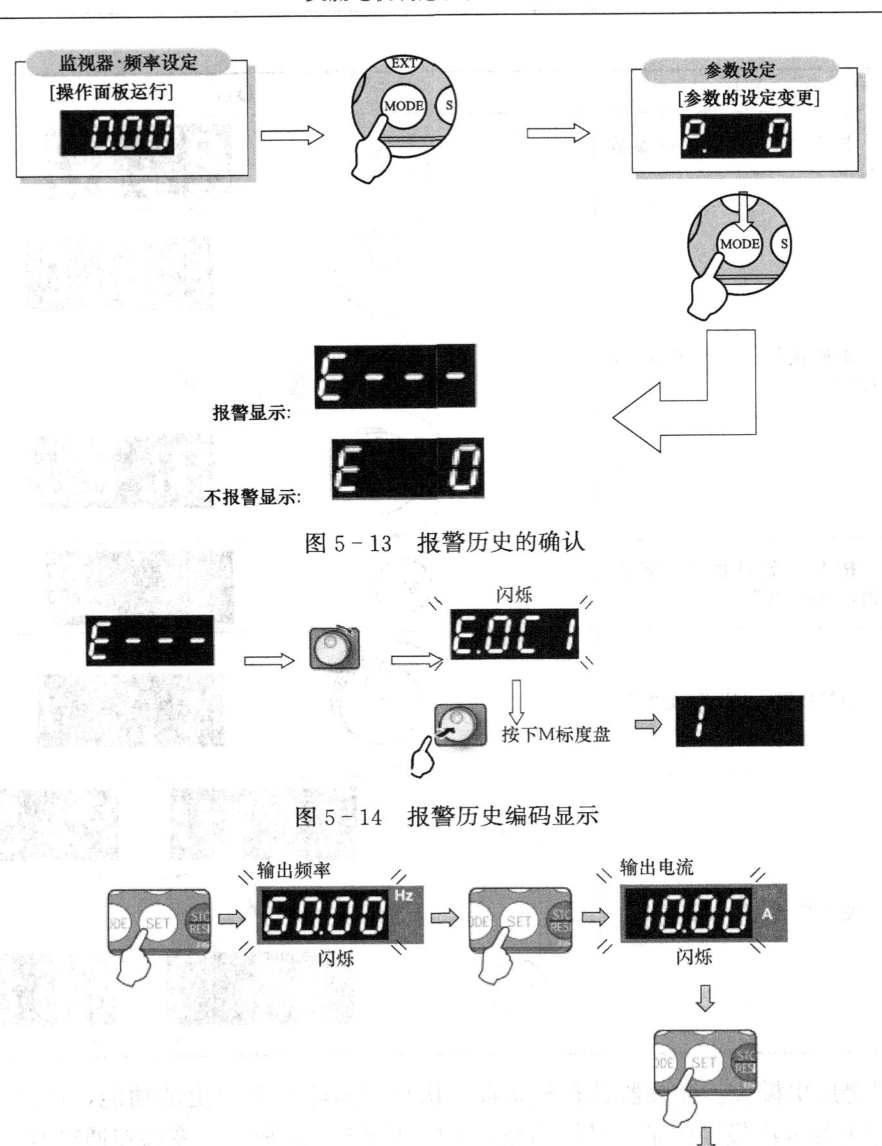

图 5-13　报警历史的确认

图 5-14　报警历史编码显示

图 5-15　显示报警频率、电流、电压和通电时间

设置报警清除 Er. Cl=1 时可以清除报警历史记录，操作步骤见表 5-7。

表 5-7　报警清除操作步骤

序号	操作	显示
1	通电时监视器显示	0.00 Hz A V MON P.RUN PU EXT NET REV FWD

续表

序号	操作	显示
2	按 MODE 键显示以前读出的参数编号	MODE → P. 0
3	旋转 M 旋钮到 Er. CL	→ Er.CL
4	按 SET 键读出要设定的值，显示初始值“0”	SET → 0
5	旋转 M 旋钮，调节到“1”	→ 1
6	按下 SET 键进行设置	SET → 1　Er.CL

项目 5.3　变频器的 PU 运行操作

变频器的 PU 运行操作，即在频率设定模式下，设定变频器的运行频率；在监视模式下，监视各输出量的情况；在参数设定模式下，改变各相关参数的设定值，观察运行情况的变化。变频器的 PU 运行操作不需要外部的控制端子接线，完全通过操作面板上的按键来控制各类生产机械的运行。变频器通常运行在 PU 模式，因此掌握这种操作方法是学习变频器操作的关键所在。变频器的 PU 运行操作分为点动 PU 运行和连续 PU 运行。

（一）点动 PU 运行

从 PU 模式进行点动运行时，仅在按下起动按钮时运行。该模式适合变频器试运行。按照图 5－16 将变频器与电源、电动机连接。

操作步骤如下：

（1）检查无误后合闸通电，根据表 5－6 执行“全部清除操作”，并回到“监视模式”。

（2）按下 PU/EXT 键，切换到 PU 模式。

（3）按 MODE 键至参数设定画面，设定点动频率 Pr. 15 的值和点动加、减速时间 Pr. 16 的值，具体参数设置可依据表 5－8。

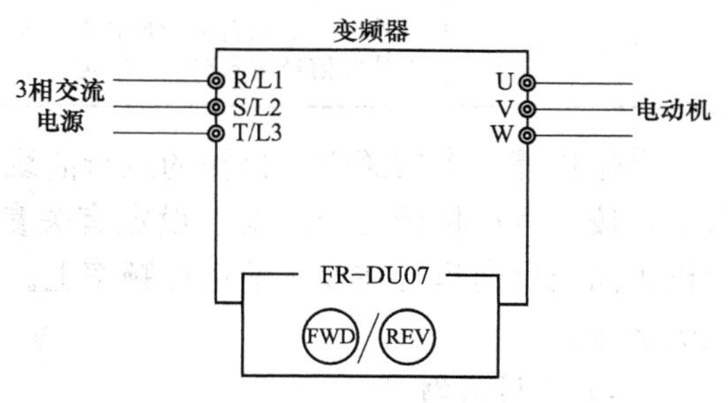

图 5－16　变频器与电源、电动机接线

表 5-8 **点动参数设置说明**

参数号	名称	初始值	设定范围	内容
Pr. 15	点动频率	5Hz	0～400	设定点动时的频率
Pr. 16	点动加减速时间	0.5s	0～3600/360s	设定点动运行时的加减速时间，加减速时间不能分别设定

图 5-17 切换到 PU 点动模式

(4) 按下 PU/EXT 键，切换到 PU 点动运行模式，如图 5-17 所示。

(5) 按下 REV 或者 FWD 键，电动机旋转，松开则电动机停转。

例：设置参数使电机以 10Hz 的频率进行点动运行，加减速时间为初始值。操作步骤为：①按接线图连线，合上电源，准备设置变频器各参数。②按 MODE 键，旋转 M 旋钮，找到 Pr. CL 参数。③按 SET 键，拨动 M 旋钮将当前值 0 增加到 1，并再次按下 SET 键确认。④设置 Pr15=10。⑤按下 PU/EXT 键，切换到 PU 点动运行模式。⑥按下 FWD 键或 REV 键，则电动机在按下 FWD 键或 REV 键期间以 10Hz 频率旋转且加减速时间为 0.5s，松开则电动机停止旋转。如果遇到不能清除参数的情况，可将 Pr79=3、Pr77=2 设到变频器内。

(二) 连续 PU 运行

按照图 5-16 将变频器与电源、电机连接。

检查无误后合闸通电，执行“全部清除操作”，并回到“监视模式”。

设定变频器的运行模式参数 Pr. 79，Pr. 79 的设定范围为 0～4 和 6～7。主要了解 Pr. 79 设定范围 0～4 的相关内容。设定值与功能说明见表 5-9。连续 PU 运行模式时，设置 Pr. 79=1。

表 5-9 **Pr. 9 参数设置与功能说明**

参数设置	功能说明
Pr. 79=0	变频器外部运行模式与 PU 运行模式的相互切换
Pr. 79=1	PU 运行模式固定
Pr. 79=2	外部运行模式固定
Pr. 79=3	外部/PU 组合运行模式 1（电动机的起动信号由正转 STF 端子或反转 STR 端子实现，运行频率由 PU 模式设定）
Pr. 79=4	外部/PU 组合运行模式 2（电动机的起动信号由操作面板 FWD 或 REV 按键实现，运行频率由外部信号输入端子 2 给定）

操作步骤：①按照生产机械的运行曲线（电动机运行频率随时间变化的曲线）设定运行频率，按照生产机械的控制要求设定有关参数。②按面板键盘上的 FWD 或 REV 键，使电动机正向或反向运行在设定的运行频率上。③按面板键盘上的 STOP/RESET 键，停止电动机的运行。

(三) 应用实例

电梯的上升、下降是典型正反转控制，运行曲线如图 5-18 所示，基本参数设定见表 5-10。

表 5-10　电梯的基本参数设定表

参数名称	参数号	设置数据
上限频率	Pr.1	50Hz
下限频率	Pr.2	0Hz
基准频率	Pr.3	50Hz
加速时间	Pr.7	15s
减速降时间	Pr.8	20s
运行模式	Pr.79	1
频率设定/键盘锁定操作选择	Pr.161	1

操作步骤：①按图 5-18 将主回路接好，检查无误合闸通电。②按表 5-6 完成全部清除操作，并返回到监视模式。③按操作面板上的 MODE 键，切换到 PU 操作模式。④按 MODE 键，设置表 5-10 中的所有参数。⑤按MODE 键，切换到监视模式。旋转 M 按钮设定运行频率 $f=45$Hz。⑥返回到监视模式，观察“MON”“Hz”灯亮。⑦按 FWD 键，电动机正向运行在设定的运行频率上（45Hz），同时，“FWD”灯亮和监视器显示“45.00”。⑧按STOP/RESET 键，电动机停止正转。再按 REV 键，电动机反向运行在设定的运行频率上（45Hz），同时“FWD”灯亮和监视器显示“45.00”。⑨切断电源，拆除接线并整理好，最后清理好现场。

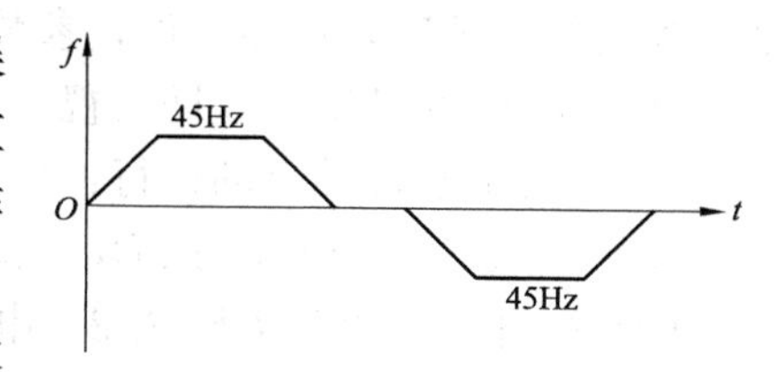

图 5-18　电梯的运行曲线

项目 5.4　变频器外部运行的操作

变频器运行的外部操作，是指变频器通过外部端子的接线来设置运行频率和起停信号，而不是通过操作面板输入。下面从电动机的点动模式和连续模式来说明外部运行的操作。

（一）试运行（点动运行）

变频器点动运行时，在点动信号为 ON 时，通过起动信号（STF 或 STR）来起动和停止变频器。

操作步骤：

（1）按图 5-19 将主回路接好，检查无误合闸通电。

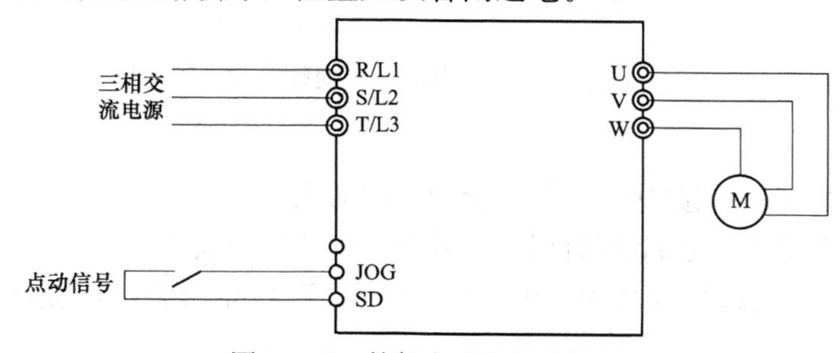

图 5-19　外部点动运行的接线

（2）按表 5-6 完成“全部清除操作”，并返回到“监视模式”。

（3）设定运行模式选择参数 Pr.79=1，“PU”灯亮，使变频器锁定 PU 运行模式。

（4）根据表 5-11 设点动频率参数 Pr.15、点动加减速时间 Pr.16、加减速基准频率 Pr. 20。

表 5－11　　外部点动运行参数设置

参数名称	参数号	设置数据
点动频率	15	15
点动加减速时间	16	0.5
加减速基准频率	20	50

(5) 按操作面板上的 MODE 键，切换到“EXT 操作模式”，此时“EXT”灯亮。在无法切换运行模式时，可通过设置参数 Pr. 79＝2，切换为外部运行模式。

(6) 按 MODE 键，返回监视模式，操作面板显示“0.00”。

(7) 外部正/反转点动运行：接通 JOG 与 SD。

(8) 接通 STF/STR 与 SD，电动机点动运行，运行频率为 15Hz。

(9) 断开 STF/STR 与 SD2，电动机停止运行。

注意：变频器处于外部运行模式下，不能对参数进行修改和清除操作。

(二) 连续运行

通过改变变频器外部模拟量电压输入值来改变变频器的运行频率，如图 5－20 所示。频率设定单元为 1K 的可调电位器，端子 2 连接到电位器的中间，而端子 10 和端子 5 分别连接到电位器的两端。旋转电位器可改变端子 2 输入的模拟电压从而改变变频器运行的频率。

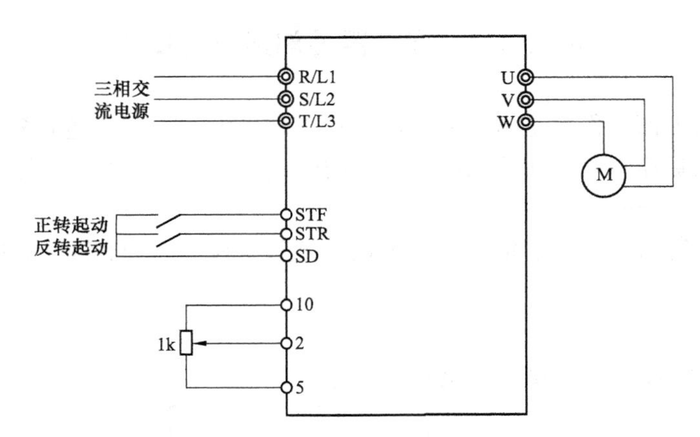

图 5－20　改变外部模拟电压改变变频器运行频率接线

操作步骤：

(1) 按图 5－20 将主回路接好，检查无误合闸通电。

(2) 按表 5－6 完成“全部清除操作”，并返回到“监视模式”。

(3) 设定运行模式选择参数 Pr. 79＝2，“EXT”灯亮状态，使变频器锁定外部运行模式。

(4) 按 MODE 键，返回监视模式，操作面板显示“0.00”。

(5) 外部正/反转连续运行：接通 STF/STR 与 SD，电动机连续运行。

(6) 顺时针缓慢旋转电位器到满刻度，操作面板上显示的频率数值逐渐增大直至 50.00Hz。

(7) 逆时针缓慢旋转电位器直至操作面板上显示的频率逐渐减小到 0.00Hz，此时电动机停止运行。

(三) 应用实例

已知生产机械曲线如图 5－21 所示，其相关的参数设置见表 5－12，利用变频器外部运行操作实现此功能。

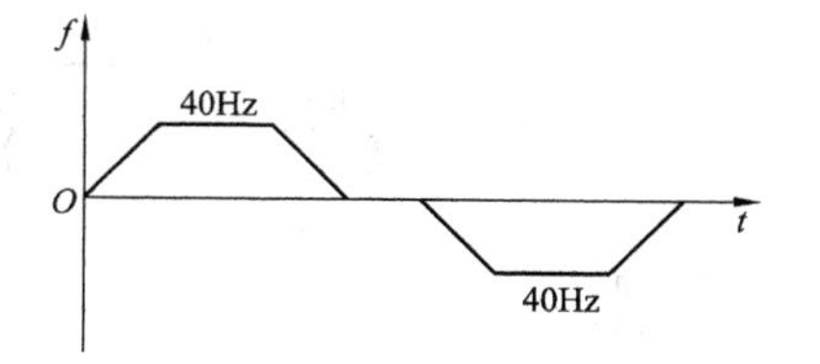

图 5－21　生产机械运行曲线

表 5－12　参数给定

参数名称	参数号	设置数据
上升时间	Pr. 7	5s
下降时间	Pr. 8	3s
加减速基准频率	Pr. 20	50Hz
上限频率	Pr. 1	50Hz
下限频率	Pr. 2	0Hz
运行模式	Pr. 79	1

操作步骤：

(1) 按图 5－20 将主回路接好，检查无误合闸通电。

(2) 按表 5－6 完成“全部清除操作”，并返回到“监视模式”。

(3) 设定运行模式选择参数 Pr. 79＝1，“PU”灯亮，使变频器锁定 PU 运行模式。

(4) 根据表 5－12 设定参数 Pr. 7、Pr. 8、Pr. 20、Pr. 1 和 Pr. 2。

(5) 设定运行模式选择参数 Pr. 79＝2，“EXT”灯亮状态，使变频器锁定外部运行模式。

(6) 按 MODE 键，返回监视模式，操作面板显示“0.00”。

(7) 接通 STF 与 SD，电动机连续正转运行。顺时针缓慢旋转电位器到满刻度，操作面板上显示的频率数值逐渐增大直至 40.00Hz。

(8) 断开 STF 与 SD 的连接，电动机停止运行。

(9) 接通 STR 与 SD，电动机连续反转运行。操作面板上显示的频率为 40.00Hz。

(10) 断开 STR 与 SD 的连接，电动机停止运行。

(11) 练习完毕首先切断电源，然后拆除接线并整理好，最后清理好现场。

注意事项：

(1) 不能将电源输入端子 R、S、T 和变频器输出端 U、V、W 端子接错，以免会烧坏变频器。

(2) 当 STF 和 STR 同时与 SD 合上时，相当于发出停止信号，电动机停止运行。

(3) 变频器外部运行时，不能用面板的 STOP/RESET 键停止电动机，否则出现报警并显示 P，此时只要关掉电源，重新开启即可。

项目 5.5　变频器组合运行的操作

变频器运行的组合操作是利用操作面板和外部接线端子共同操作变频器，变频器工作在

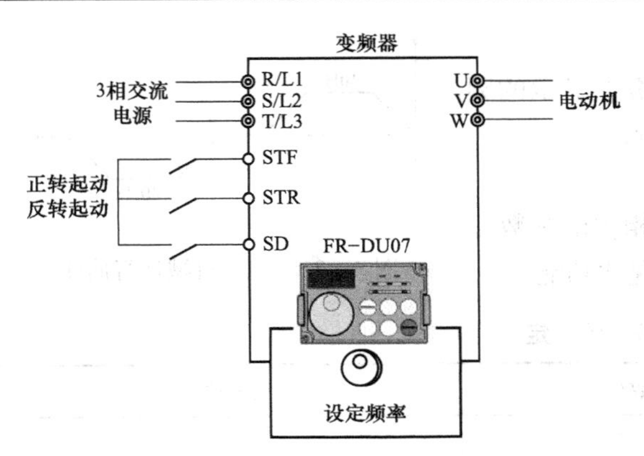

图 5-22 组合操作模式 1 控制回路接线

此种模式时，操作面板上“PU”和“EXT”指示灯都会亮。变频器组合操作有两种模式，可通过设置 Pr. 79 来选择。Pr. 79＝3 时，选择组合操作模式 1；Pr. 79＝4 时，选择组合操作模式 2。

（一）组合操作模式 1

运行模式选择参数 Pr. 79＝3 时，选择组合模式 1。电动机的起动信号由 STF 端子或 STR 端子实现，运行频率由 PU 模式设定。组合操作模式 1 的控制回路接线如图 5-22 所示，具体操作步骤见表 5-13。

表 5-13 组合操作模式 1 操作步骤

步骤	说明	显示
1	电源接通时显示的监视器画面	0.00 Hz MON PU EXT
2	完成“全部清除操作”，并将 Pr. 79 变更为“3”	0.00 Hz MON PU EXT
3	将 STF 与 SD 接通，电动机正转（注：如果 STF 和 STR 都与 SD 接通，电动机减速至停止运行）	正转 反转 ON → 50.00 Hz MON PU EXT FWD
4	转动 M 旋钮，使显示出设定的频率值“40Hz”，约闪烁 5s	→ 40.00 约闪烁5s
5	断开 STF 与 SD 的连接，电动机停止转动	正转 反转 OFF → 停止

（二）组合操作模式 2

运行模式选择参数 Pr. 79＝4 时，选择组合模式 2。电动机的起动信号由操作面板正转按键 FWD 或反转按键 REV 实现，运行频率由外部信号输入端子 2 给定。组合操作模式 2 的控制回路接线如图 5－23 所示，依据图 5－21 进行连线将模拟电压信号输入到端子 2 得到输出频率，具体操作步骤见表 5－14。

表 5－14　　组合操作模式 1 操作步骤

步骤	说明	显示
1	连接好线路后，电源接通时显示的监视器画面	0.00 Hz MON EXT REV FWD
2	完成“全部清除操作”，并将 Pr. 79 变更为“3”	0.00 Hz MON PU EXT
3	按下按键 FWD 或 REV，则 FWD（或 REV）闪烁，在没有频率指令的情况下闪烁。注意：正转与反转同时为 ON 时不起动	FWD （REV） → 0.00 Hz MON PU EXT FWD 闪烁
4	顺时针旋转电位器到最大，显示的频率逐渐增大显示为“50.00Hz”	→ 50.00 Hz MON PU EXT FWD
5	逆时针旋转电位器到最小，显示的频率逐渐显示为“0.00Hz”。运行状态显示的 FWD 或 REV 闪烁电动机停止运行	→ 0.00 Hz MON PU EXT FWD 闪烁 停止
6	停止：按下 STOP/RESET 键，运行状态显示的 FWD 或 REV 灯灭	STOP RESET → 0.00 Hz MON PU EXT

（三）应用实例

（1）试用变频器的起动自保持功能来控制电动机的运行时间。变频器的起动自动保持功能在 STOP 信号变为 ON 时有效。此时，正反信号仅作为起动信号。当按下点动开关 S1 时，电动机正转，断开 S1 电动机继续运转；S3 断开电动机停止运行，当 S3 闭合时，按下点动开关 S2 时，电动机反转，断开 S2 电动机继续运转，S3 断开电动机停止运行。接线如图 5-24 所示，电动机运行时序如图 5-25 所示。参数设置见表 5-15，运行频率为 20Hz。

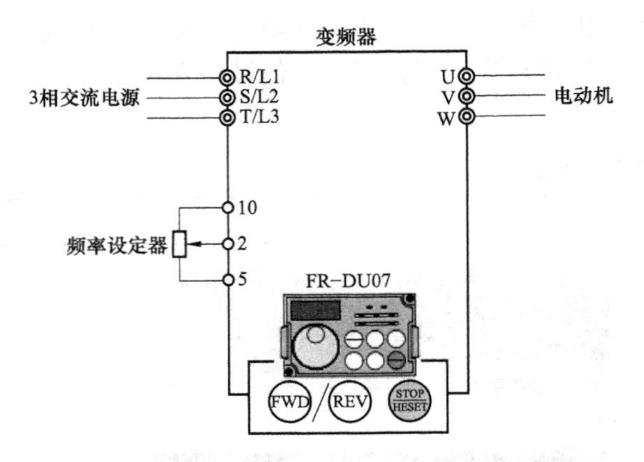

图 5-23 组合操作模式 2 控制回路接线

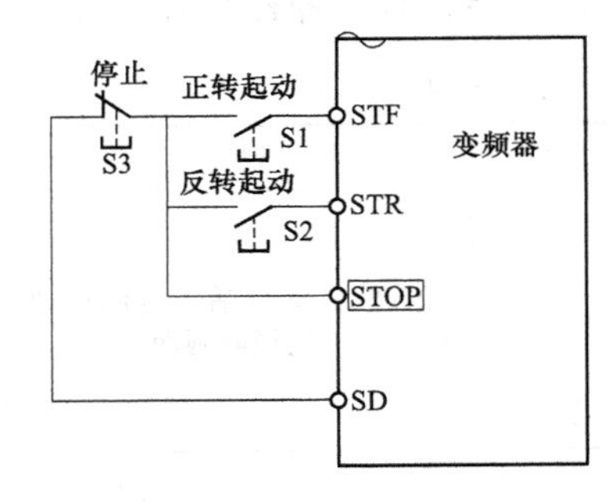

图 5-24 控制电动机运行时间接线

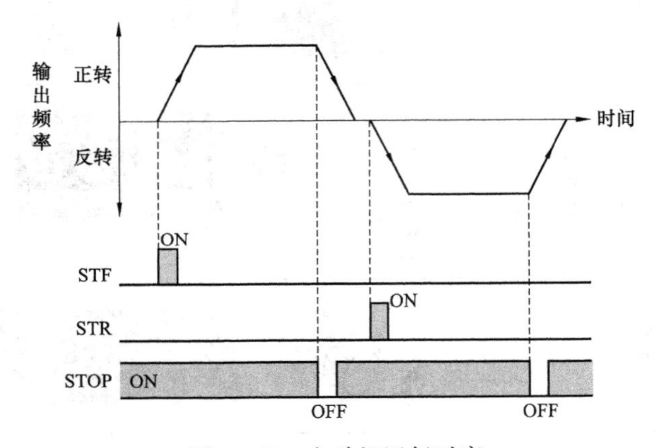

图 5-25 电动机运行时序

表 5-15 参 数 设 置

参数名称	参数号	设置数据
运行模式	Pr. 79	3
停止选择	Pr. 250	9999

操作步骤：

1）按图 5-24 将主回路接好，检查无误合闸通电。

2）按表 5-6 完成“全部清除操作”，并返回到“监视模式”。

3）设定运行模式选择参数 Pr. 79=1，“PU”灯亮，使变频器锁定 PU 运行模式。

4）根据表 5-12 设定参数 Pr. 250。

5）设定运行模式选择参数 Pr. 79=3，“EXT”和“PU”灯亮状态，使变频器锁定组合运行模式 1。

6）按 MODE 键，返回监视模式，操作面板显示“0.00”。

7）按下点动开关 S1，电动机连续正转运行。旋转 M 旋钮操作面板上显示的频率数值逐渐增大直至 20.00Hz。

8）断开开关 S3，电动机停止运行。

9）接通开关 S3 后，按下点动开关 S2，电动机连续反转运行，操作面板上显示的频率为 20.00Hz。

10）断开开关 S3，电动机停止运行。

11）练习完毕首先切断电源，然后拆除接线并整理好，最后清理好现场。

（2）利用变频器组合模式 2 完成图 5－21 所示生产机械的运行曲线，要求设定的参数见表 5－16。

表 5－16　　参 数 设 置

参数名称	参数号	设置数据
运行模式	Pr.79	4
起动频率	Pr.13	1Hz
上限频率	Pr.1	50Hz
下限频率	Pr.2	2Hz
加速时间	Pr.7	5s
减速时间	Pr.8	4s

操作步骤：

1）按图 5－23 将主回路接好，检查无误合闸通电。

2）按表 5－6 完成“全部清除操作”，并返回到“监视模式”。

3）设定运行模式选择参数 Pr.79＝1，“PU”灯亮，使变频器锁定 PU 运行模式。

4）根据表 5－12 设定参数 Pr.1、Pr.2、Pr7、Pr.8 和 Pr.13。

5）设定运行模式选择参数 Pr.79＝4，“EXT”和“PU”灯亮状态，使变频器锁定组合运行模式 2。

6）按 MODE 键，返回监视模式，操作面板显示“0.00”。

7）按下操作面板上的 FWD 键，电动机连续正转运行。顺时针旋转电位器使显示的频率逐渐增大直至“40.00Hz”。

8）按下操作面板上的 STOP/RESET 键，电动机停止运行。

9）按下操作面板上的 REV 键，电动机连续反转运行。顺时针旋转电位器使显示的频率逐渐增大直至“40.00Hz”，操作面板上显示的频率为 40.00Hz。

10）按下操作面板上的 STOP/RESET 键，电动机停止运行。

11）练习完毕首先切断电源，然后拆除接线并整理好，最后清理好现场。

项目 5.6　变频器多挡速度运行的操作

在前面讨论的生产机械运行曲线中，电动机在正反转运行过程中的速度不变。但在实际生产中，很多生产机械的正、反转运行速度要不断改变。变频器如何满足这种需求？方法是预先通过参数设定运行速度，并通过外部接线端子 RH、RM、RL 和 REX 的 ON、OFF 操作来选择各个速度。从表 5－17 可知，变频器可实现 3 段速度设定、4～15 段速度的设定。

多段速度的控制必须在外部运行模式或组合运行模式 3 下有效，下面以 3 段、7 段和 15 段速度的设定为例来说明。

表 5 - 17　　多段速度参数设置

参数号	名称	初始值	设定范围	内　　容
4	多段速度设定（高速）	50Hz	0～400Hz	设定仅 RH 为 ON 时的频率
5	多段速度设定（中速）	30Hz	0～400Hz	设定仅 RM 为 ON 时的频率
6	多段速度设定（低速）	10Hz	0～400Hz	设定仅 RL 为 ON 时的频率
24	多段速度设定（速度 4）	9999	0～400Hz，9999	通过 RH、RM、RL 和 REX 信号的组合可以进行速度 4～速度 15 的频率设定。9999 表示未选择
25	多段速度设定（速度 5）	9999	0～400Hz，9999	
26	多段速度设定（速度 6）	9999	0～400Hz，9999	
27	多段速度设定（速度 7）	9999	0～400Hz，9999	
232	多段速度设定（速度 8）	9999	0～400Hz，9999	
233	多段速度设定（速度 9）	9999	0～400Hz，9999	
234	多段速度设定（速度 10）	9999	0～400Hz，9999	
235	多段速度设定（速度 11）	9999	0～400Hz，9999	
236	多段速度设定（速度 12）	9999	0～400Hz，9999	
237	多段速度设定（速度 13）	9999	0～400Hz，9999	
238	多段速度设定（速度 14）	9999	0～400Hz，9999	
239	多段速度设定（速度 15）	9999	0～400Hz，9999	

一、 3 段速度的设定

3 段速度的控制端子接线如图 5 - 26 所示，RH 信号与 SD 接通时，依据表 5 - 17 可知变频器按照 Pr. 4 中设定的频率运行；RM 信号与 SD 接通时，变频器按照 Pr. 5 中设定的频率运行；RL 信号与 SD 接通时，变频器按照 Pr. 6 中设定的频率运行。注意：在初始设定情况下，同时选择 2 段速度以上时则按照低速信号的设定频率运行。例如：RH、RM 信号均为 ON 时，即 RH、RM 信号均与 SD 信号接通，则变频器以 RM 信号的 Pr. 5 中设定的频率运行。在初始设定下，RH、RM 和 RL 信号被分配在端子 RH、RM、RL 上。此外，通过将参数 Pr. 178～Pr. 189（输入端子功能分配）上设定“0（RL）”“1（RM）”和“2（RH）”，也可以将 RH、RM 和 RL 信号分配到其他端子上。

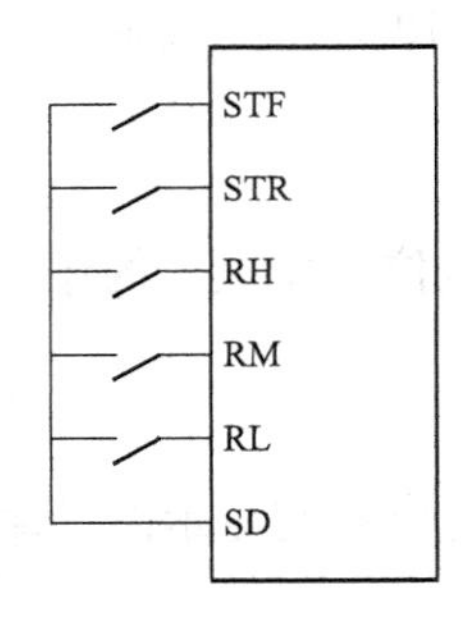

图 5 - 26　3 段速度运行控制端子接线

3 段速度分为高速、中速和低速，其运行的参数设置见表 5 - 18。

表 5 - 18　　3 段速度的参数设置

参数名称	参数号	设置数据
高速	Pr. 4	f_1
中速	Pr. 5	f_2
低速	Pr. 6	f_3

3 段速度控制端子的状态与电动机运行速度关系如图 5 - 27 所示，具体说明如下：

(1) 仅 RH 端子与 SD 端子接通时，变频器按照参数 Pr. 4 中设定的频率 f_1 输出，电动机运行在高速状态。

（2）仅 RM 端子与 SD 端子接通时，变频器按照参数 Pr. 5 中设定的频率 f_2 输出，电动机运行在中速状态。

（3）仅 RL 端子与 SD 端子接通时，变频器按照参数 Pr. 6 中设定的频率 f_3 输出，电动机运行在低速状态。

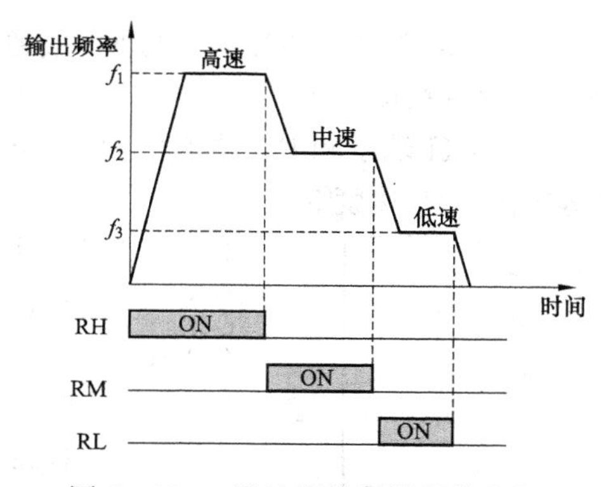

图 5－27　3 段速度控制端子状态与电动机运行速度关系

二、7 段速度的设定

7 段速度与 3 段速度的控制接线相同。7 段速度是通过 RH、RM 和 RL 端子的状态组合来实现。将 RH、RM 和 RL 与 SD 分别接通的状态标记为“ON”，用“1”表示；将 RH、RM 和 RL 与 SD 断开的状态标记为“OFF”，用“0”表示。则 3 个接线端子的状态共有 7 种组合，控制端子组合状态、参数设置与电动机运行速度的关系见表 5－19，表中前 3 种组合即为 3 段速度的设定。

表 5－19　7 段速度的控制端子组合状态、参数设置与电动机运行速度的关系

RH	RM	RL	参数号	变频器输出频率	电动机运行速度
1	0	0	Pr. 4	f_1	高速（速度 1）
0	1	0	Pr. 5	f_2	中速（速度 2）
0	0	1	Pr. 6	f_3	低速（速度 3）
0	1	1	Pr. 24	f_4	速度 4
1	0	1	Pr. 25	f_5	速度 5
1	1	0	Pr. 26	f_6	速度 6
1	1	1	Pr. 27	f_7	速度 7

7 段速度的控制端子的状态与电动机运行速度的关系如图 5－28 所示，在 3 段速度的基础上再设定 4 种速度。具体说明如下：

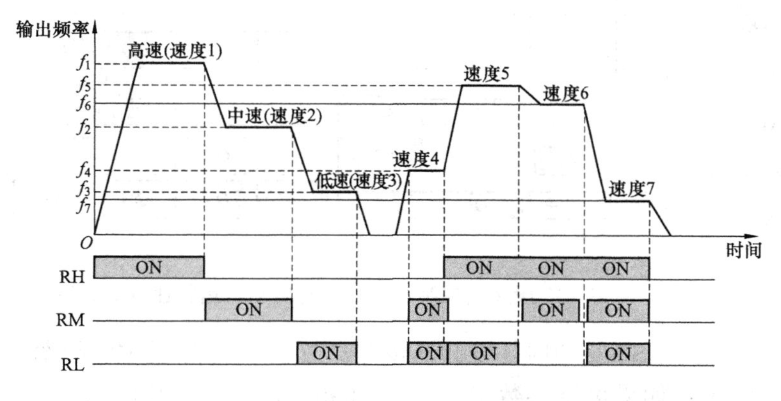

图 5－28　7 段速度控制端子状态与电动机运行速度关系

（1）RM 端子和 RL 端子与 SD 接通时，变频器按照参数 Pr. 24 中设定的频率 f_4 输出，电动机运行在速度 4。

（2）RH 端子和 RL 端子与 SD 接通时，变频器按照参数 Pr. 25 中设定的频率 f_5 输出，电动机运行在速度 5。

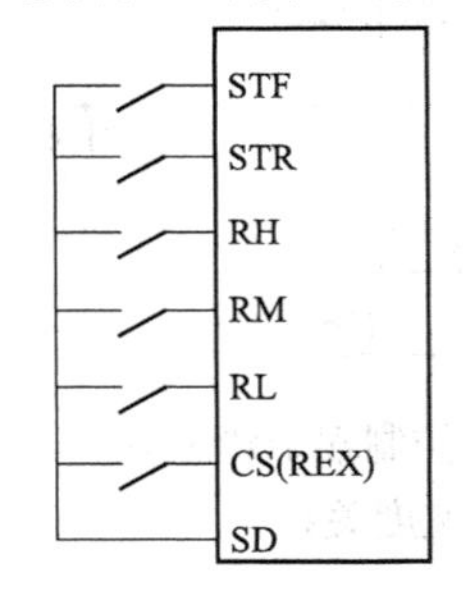

图 5－29　15 段速度运行控制端子接线

（3）RH 端子和 RM 端子与 SD 接通时，变频器按照参数 Pr. 26 中设定的频率 f_6 输出，电动机运行在速度 6。

（4）RH 端子、RM 端子和 RL 端子与 SD 接通时，变频器按照参数 Pr. 27 中设定的频率 f_7 输出，电动机运行在速度 7。

三、15 段速度的设定

15 段速度的控制端子接线如图 5－29 所示，与图 5－27 所不同的是：增加了一个控制端子 REX。实际上，REX 端子在三菱变频器的控制端子中并不存在，一般借助于 STF、STR、RT、AU、CS、MRS、STOP、RES 等端子中任何一个来充当，可通过在 Pr. 178～Pr. 189 将该端子设定为“8”来进行功能分配。图 5－29 中选择 CS 作为 REX 信号，故设置 Pr. 186＝8，使得 CS 端子功能变为 REX 端子功能。

RH、RM、RL 和 REX 信号端子的不同组合可以进行 15 段速度的设定，速度 8～速度 15 的运行频率分别在 Pr. 232～Pr. 239 中设定。注意：初始值的状态为不可以使用速度 4～速度 15，所以要实现 3 段以上速度的设定必须通过相应的参数进行设定。在 7 段速度设定的基础上，只需设置另外 8 种速度。8～15 段速度控制端子状态与电动机运行速度的关系如图 5－30 所示，具体说明如下：

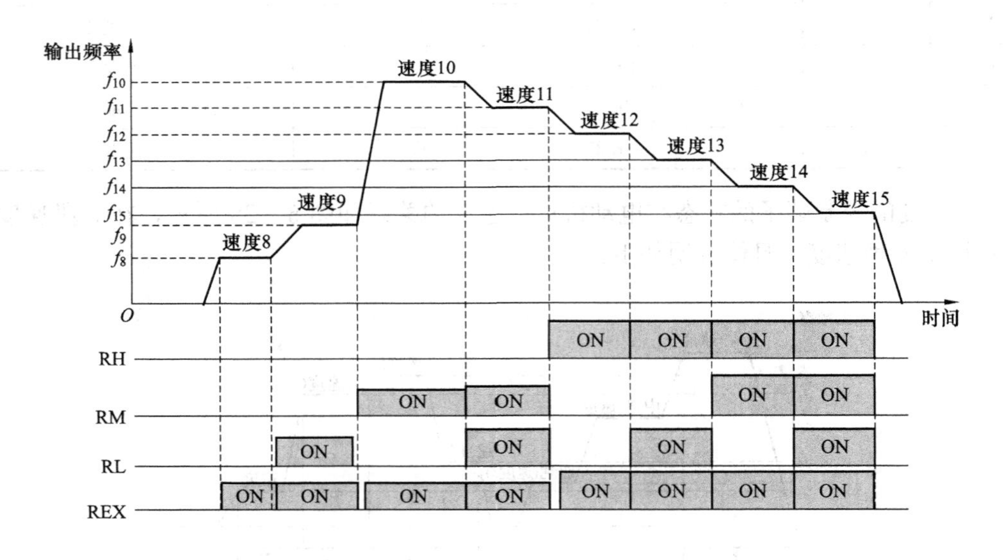

图 5－30　8～15 段速度控制端子状态与电动机运行速度的关系

（1）仅 REX 端子与 SD 接通时，变频器按照参数 Pr. 232 中设定的频率 f_8 输出，电动机运行在速度 8。注意：如果设定参数 Pr. 232＝9999，将 RH、RM、RL 与 SD 断开且 REX 与 SD 接通时，将按照 Pr. 6 的频率动作。

（2）REX 端子和 RL 端子与 SD 接通时，变频器按照参数 Pr. 233 中设定的频率 f_9 输出，电动机运行在速度 9。

（3）REX 端子和 RM 端子与 SD 接通时，变频器按照参数 Pr. 234 中设定的频率 f_{10} 输出，电动机运行在速度 10。

（4）RM 端子、RL 端子和 REX 端子与 SD 接通时，变频器按照参数 Pr. 235 中设定的频率 f_{11} 输出，电动机运行在速度 11。

（5）RH 端子和 REX 端子与 SD 接通时，变频器按照参数 Pr. 236 中设定的频率 f_{12} 输出，电动机运行在速度 12。

（6）RH 端子、RL 端子和 REX 端子与 SD 接通时，变频器按照参数 Pr. 237 中设定的频率 f_{13} 输出，电动机运行在速度 13。

（7）RH 端子、RM 端子和 REX 端子与 SD 接通时，变频器按照参数 Pr. 238 中设定的频率 f_{14} 输出，电动机运行在速度 14。

（8）RH 端子、RM 端子、RL 端子和 REX 端子与 SD 接通时，变频器按照参数 Pr. 239 中设定的频率 f_{15} 输出，电动机运行在速度 15。

四、 应用实例

（一）7 段速度运行操作

电动机 7 段速度运行曲线如图 5－31 所示，其参数设置见表 5－20。具体操作步骤如下：

（1）参数设置：

1）设定参数 Pr. 79＝3，“EXT”灯和“PU”灯同时亮，使变频器处于组合运行模式。组合操作模式 2 在实际应用中较少，故不考虑设置 Pr. 79＝4。

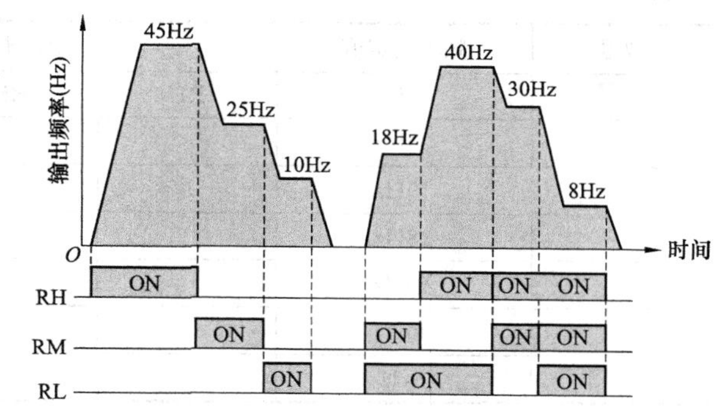

图 5－31　电动机 7 段速度运行曲线

2）设定参数 Pr. 4＝45Hz。

3）设定参数 Pr. 5＝25Hz。

4）设定参数 Pr. 6＝10Hz。

5）设定参数 Pr. 24＝18Hz。

6）设定参数 Pr. 25＝40Hz。

7）设定参数 Pr. 26＝30Hz。

8）设定参数 Pr. 27＝8Hz。

9）按 MODE 键，返回监视模式，操作面板的显示器处在 0.00 状态。

表 5－20　电动机 7 段速度运行参数设置

参数名称	参数号	设置数据
速度 1（高速）	Pr. 4	45Hz
速度 2（中速）	Pr. 5	25Hz
速度 3（低速）	Pr. 6	10Hz
速度 4	Pr. 24	18Hz

续表

参数名称	参数号	设置数据
速度 5	Pr. 25	40Hz
速度 6	Pr. 26	30Hz
速度 7	Pr. 27	8Hz

(2) 操作步骤:

1) 按图 5－26 接线。

2) 外部运行：接通电动机的起动信号 STF 端子和 SD 端子，电动机正转起动，运行在操作面板设定的频率。

3) 接通 RH 端子和 SD 端子，电动机运行频率为 40Hz。

4) 接通 RM 端子和 SD 端子，电动机运行频率为 25Hz。

5) 接通 RL 端子和 SD 端子，电动机运行频率为 10Hz。

6) 同时接通 RM、RL 端子和 SD 端子，电动机运行频率为 18Hz。

7) 同时接通 RH、RL 端子和 SD 端子，电动机运行频率为 40Hz。

8) 同时接通 RH、RM 端子和 SD 端子，电动机运行频率为 30Hz。

9) 同时接通 RH、RM、RL 端子和 SD 端子，电动机运行频率为 8Hz。

效果验证：根据上述操作内容，在表 5－21 中填写对应的运行参数号与控制端子的组合方式。

表 5－21　运行参数号与控制端子组合方式验证

参数号	频率设定值	控制端子的组合			多段速度
	45Hz	RH	RM	RL	速度 1
	25Hz				速度 2
	10Hz				速度 3
	18Hz				速度 4
	40Hz				速度 5
	30Hz				速度 6
	8Hz				速度 7

(二) 8～15 段速度运行操作

电动机 8～15 段速度运行曲线如图 5－32 所示，其参数设定值见表 5－22。

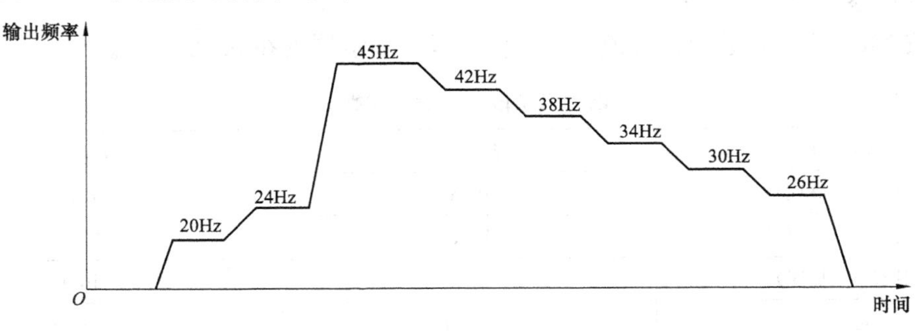

图 5－32　电动机 8～15 段速度运行曲线

表 5-22　电动机 8～15 段速度运行参数设置

参数号	Pr. 232	Pr. 233	Pr. 234	Pr. 235	Pr. 236	Pr. 237	Pr. 238	Pr. 239
设定值（Hz）	20	24	45	42	38	34	30	26

（1）参数设置：

1）设定参数 Pr. 79＝3，“EXT”灯和“PU”灯同时亮，使变频器处于组合运行模式 1。

2）设定参数 Pr. 232＝20Hz。

3）设定参数 Pr. 233＝24Hz。

4）设定参数 Pr. 234＝45Hz。

5）设定参数 Pr. 235＝42Hz。

6）设定参数 Pr. 236＝38Hz。

7）设定参数 Pr. 237＝34Hz。

8）设定参数 Pr. 238＝30Hz。

9）设定参数 Pr. 239＝26Hz。

10）改变端子功能。设 Pr. 186＝8，使 CS 端子的功能变为 REX 功能。

11）按 MODE 键，返回监视模式，操作面板的显示器处在 0.00 状态。

（2）操作步骤：

1）按图 5-29 接线。

2）外部运行：接通电动机的起动信号 STF 端子和 SD 端子，电动机正转起动，运行在操作面板设定的频率。

3）接通 REX 端子和 SD 端子，电动机运行频率为 20Hz。

4）接通 REX 端子、RL 端子和 SD 端子，电动机运行频率为 24Hz。

5）接通 REX 端子、RM 端子和 SD 端子，电动机运行频率为 45Hz。

6）接通 RM、RL、REX 端子和 SD 端子，电动机运行频率为 42Hz。

7）接通 RH、REX 端子和 SD 端子，电动机运行频率为 38Hz。

8）接通 RH、REX、RL 端子和 SD 端子，电动机运行频率为 34Hz。

9）接通 RH、RM、REX 端子和 SD 端子，电动机运行频率为 30Hz。

10）同时接通 RH、RM、RL 和 REX 端子和 SD 端子，电动机运行频率为 26Hz。

项目 5.7　变频器的 PID 控制运行操作

PID（比例积分微分）控制是闭环控制中的一种常见形式。反馈信号取自拖动系统的输出端，当输出量偏离所要求的给定值时，反馈信号成比例地变化。在输入端，给定信号与反馈信号相比较存在一个偏差值。PID 对该偏差值进行调节，从而改变变频器的输出频率，并迅速、准确地消除拖动系统的偏差，回复到给定值，振荡和偏差都比较小。

一、PID 各环节的作用

基本 PID 控制框图如图 5-33 所示，r 为目标信号或者给定信号，y 为反馈信号，x 为偏差信号且 $x=r-y$，变频器输出频率 f_i 的大小由信号 x 决定。PID 控制的目的有两个方面：一是使得反馈信号 y 无限接近目标信号或给定信号 r，即偏差信号 x 趋近于 0；另一方

面通过偏差信号 x 改变输出频率 f_i。图中 K_p 为比例增益系数，对执行量的瞬间变化有很大影响；T_i 为积分时间常数，该时间越小，达到目标值就越快，但也容易引起振荡，积分作用一般使输出响应滞后；T_d 为微分时间常数，该时间越大，反馈的微小变化就越会引起较大的响应，微分作用一般使输出响应超前。

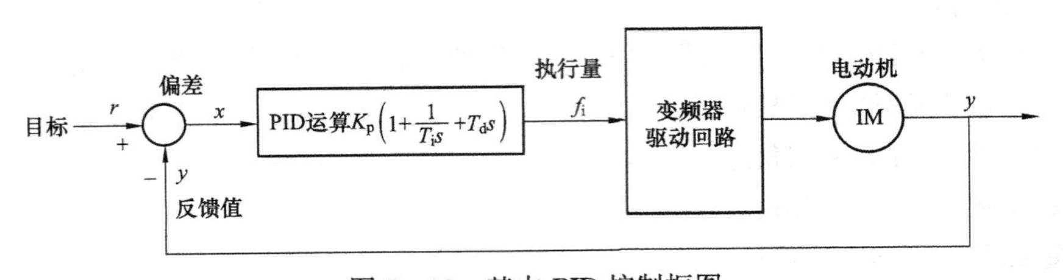

图 5-33 基本 PID 控制框图

K_p—比例增益；T_i—积分时间常数；T_d—微分时间常数

二、 PID 动作概要

(1) PI（比例积分）动作。PI 动作是由比例动作（P）和积分动作（I）组合成的，根据偏差大小及时间变化产生一个执行量。图 5-34 为测量值阶梯变化时的 PI 动作实例。

(2) PD（比例微分）动作。PD 动作是由比例动作（P）和微分动作（D）组合成的，根据改变动态特性的偏差速率产生一个执行量，改善动态特性。图 5-35 为测量值按比例变化时的 PD 动作。

(3) PID 动作。PID 动作是由 PI 和 PD 动作组合成的动作功能，结合了各项动作的优点，如图 5-36 所示。

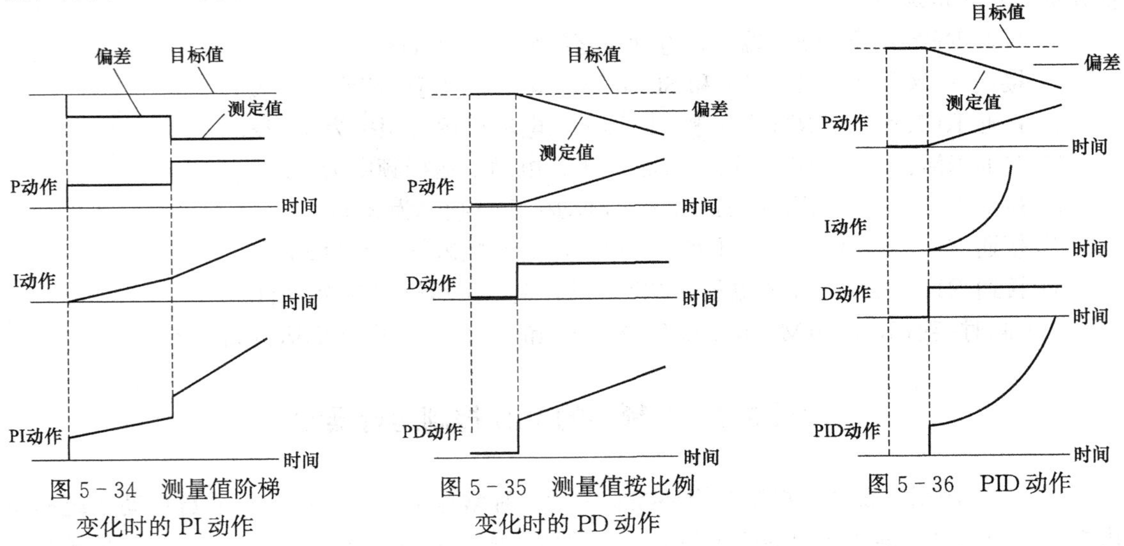

图 5-34 测量值阶梯变化时的 PI 动作

图 5-35 测量值按比例变化时的 PD 动作

图 5-36 PID 动作

(4) 负作用。当偏差 x=(目标值−测量值）为正，增加输出频率，如果偏差为负，则减小输出频率。

(5) 正作用。当偏差 x=(目标值−测量值）为负，增加输出频率，如果偏差为正，则减小输出频率。

三、 PID 参数的预置

三菱 FR-A700 变频器内置有 PID 环节，为进行 PID 控制，需要设定部分参数和输入信号，具体步骤如下：

（1）变频器控制端子的选择。设定 Pr. 183＝14，即选择变频器的 RT 端子作为 PID 控制的有效端子，将 RT（X14）信号置于 ON。该信号为 OFF 时，变频器为通常的变频器运行而不进行 PID 动作。通过 LONWORKS 通信进行 PID 控制时，无需将 X14 信号置于 ON。

（2）目标值的设定。在变频器的端子 2 和端子 5 之间或者通过 Pr. 133 输入目标值或给定值。此时要求 Pr. 128 设定为"20"或"21"。输入在外部计算的偏差信号时，要求在端子 1～5 之间输入。此时要求 Pr. 128 设定为"10"或"11"。

（3）反馈量输入端子的选择。在变频器的端子 4 和端子 5 之间输入测量值信号。

（4）PID 参数的设定。PID 参数的设置主要包括比例增益系数、积分时间常数和微分时间常数的设定。比例增益系数通过 Pr. 129 设定，积分时间常数通过 Pr. 130 设定，微分时间常数通过 Pr. 134 设定。

四、 运行接线图

以恒压供水水泵为例，其变频器进行 PID 控制的接线如图 5－37 所示。

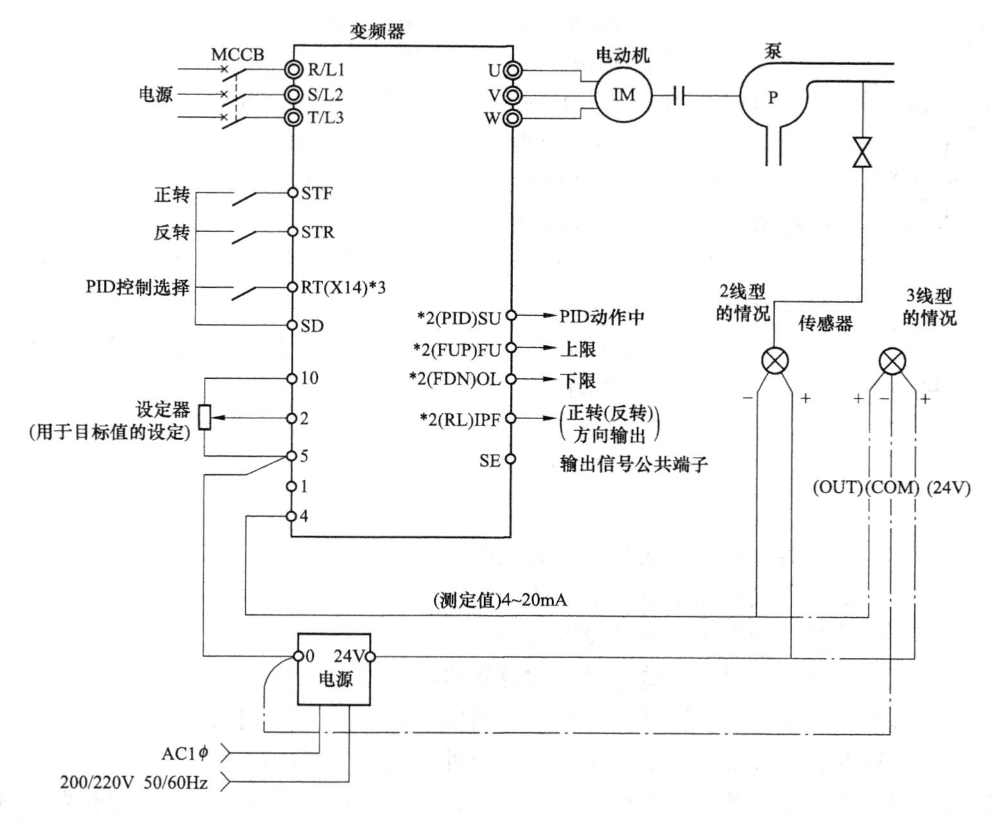

图 5－37　恒压供水水泵 PID 控制接线

五、 PID 控制操作步骤

PID 控制操作步骤如图 5－38 所示。第一步中参数的设定，主要包括调整 Pr. 127～Pr. 134，Pr. 575～Pr. 577 PID 控制参数。第二步中端子的设定包括 PID 控制有效端子 X14 的选择，可设置 Pr. 178～Pr. 189 中某一参数为"14"来实现。端子的设定还包括输入输出端子的选择，可设置参数 Pr. 128＝“20”或“21”。第三步，将选择的 X14 信号与 SD 接通。最后运行即可。

以表 5－23 所示参数为例，PID 控制操作步骤如下：

表 5－23　　PID 运行参数设置

参数号	作用	功能
Pr. 129＝30	确定 PID 的比例调节范围	PID 的比例增益范围设定
Pr. 130＝10s	确定 PID 的积分时间	PID 的积分时间常数设定
Pr. 131＝100％	设定上限调节值	上限值设定参数
Pr. 132＝0％	设定下限调节值	下限值设定参数
Pr. 133＝50％	外部操作时设定值由端子 2－5 端子间的电压确定，在 PU 或组合操作时控制值大小的设定	面板输入法目标值的确定
Pr. 134＝3s	确定 PID 的微分时间	PID 的微分时间常数设定

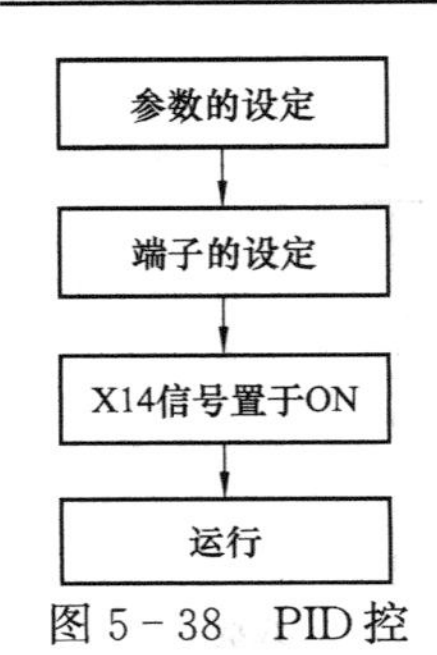

图 5－38　PID 控制操作步骤

（1）按图 5－38 接线，检查无误后合闸。

（2）在“PU 操作模式”下，设置 Pr. 128＝20，Pr. 183＝14。

（3）在“PU 操作模式”下，按表 5－23 设置 PID 运行参数。

（4）调节 2～5 端子间的电压至 2.5V，设 Pr. 79＝2，“EXT”灯亮。

（5）接通 STF 和 RT，电动机正转。改变 2～5 端子间的电压值，电动机始终稳定运行在设定值上。

（6）调节 4～20mA 电流信号，电动机转速也会随之变化，稳定运行在设定值上。

（7）设 Pr. 79＝1，“PU”灯亮，按 FWD 键或 REV 键和 STOP 键，控制电动机起停，稳定运行在 Pr. 133 的设定值上。

思考与练习

5－1　简述变频器主回路各接线端子的功能。

5－2　简述变频器控制回路控制端子的功能。

5－3　简述外部运行模式的两种设置方法。

5－4　简述上下限频率和加减速时间的设置步骤。

5－5　解释变频器 PU 运行操作含义，并画出点动 PU 运行的接线图。

5－6　解释变频器外部操作的含义，并画出外部连续运行的接线图。

5－7　解释变频器 2 种组合操作模式的含义，并画出在组合模式 1 下对变频器实现 7 段多挡速度的接线图。

5－8　简述 PID 控制反馈信号的接入方法，并画出变频器 PID 控制的接线图。

模块六　变频器的综合控制电路

模块五介绍了变频器的各种运行操作方法，都是应用按钮开关手动实现对生产机械的变频调速控制，在转速变换时需要停机操作才能实现。如何实现变频调速的自动控制呢？只要将变频器与继电器配合使用就能实现。继电器分为三种：第一种是应用线圈通电控制触点吸合的传统继电器；第二种是数字继电器，又称可编程控制器（PLC），它可通过软件来改变控制过程；第三种是PC机，应用串行接口与变频器进行通信。继电器与变频器之间的连接如图6－1所示。那么继电器与变频器配套使用后可实现哪些方面的自动控制？如何编程？本模块将用传统继电器和FX2N－32MT－001可编程控制器为例分四个项目介绍。

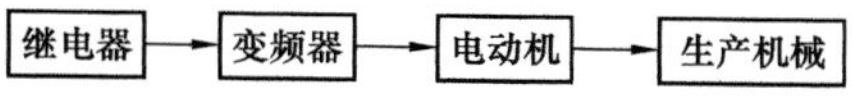

继电器 → 变频器 → 电动机 → 生产机械

图6－1　继电器与变频器连接框图

知识目标

掌握继电器与变频器组合控制方法；掌握PLC和变频器组合的控制方法；了解PC机与变频器的通信控制方式。

技能目标

能够进行PLC与变频器的连接和控制程序的编制；会根据功能要求设置有关参数；在计算机与变频器通信之前能够正确将计算机与变频器进行硬件连接，并在变频器的初始化中设定通信规格。

项目6.1　继电器与变频器组合的电动机正、反转控制式

6.1.1　相关知识

1. 按钮开关与变频器组合的正反转控制电路

变频器对电动机的正反转控制是通过控制变频器STR、STF两个端子的接通与断开来实现的，STR、STF两个端子的接通与断开可利用机械式按钮开关进行控制，其缺点是反转控制前必须先断开正转控制，正转和反转之间没有互锁环节，容易产生误动作。

2. 继电器与变频器组合的正反转控制电路

为了克服上述问题，通常将开关改为继电器和接触器来控制变频器STR、STF两个端子的接通与断开，控制电路如图6－2所示。按钮SB2、SB1用于控制接触器KM，从而控制变频器的接通或切断电源。按钮SB4、SB3用于控制正转继电器KA1，从而控制电动机的正转运行与停止。按钮SB6、SB5用于用于控制反转继电器KA2，从而控制电动机的反转运行与停止。

需要注意的是：正转与反转运行只有在接触器KM已经动作、变频器已经通电的状态下才能进行，与按钮SB1动断触点并联的KA1、KA2触点用以防止电动机在运行状态下通

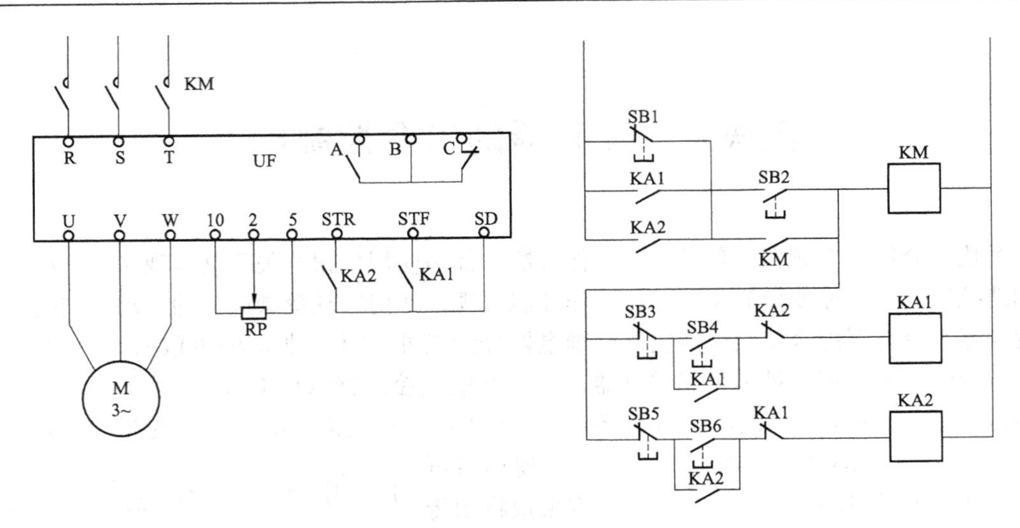

图 6－2 继电器控制变频器的正反转电路

过 KM 直接停机。

3. PLC 与变频器组合的电动机正反转控制电路

PLC 与变频器组合控制电动机的正反转，只需利用 PLC 的输出端子来控制变频器的 STR、STF 两个端子，控制电路如图 6－3 所示。按钮 SB1 和 SB2 用于控制变频器接通与切断电源，三位旋钮开关 SA2 用于控制电动机的正反转运行或停止，X4 接受变频器的跳闸信号。在输出侧，Y0 与接触器相连接，其动作接受 X0（SB1）和 X1（SB2）的控制，Y1、Y2、Y3、Y4 与指示灯 HL1、HL2、HL3、HL4 相接，分别指示变频器通电、正转运行、反转运行及变频器故障，Y10 与变频器的正转端 STF 相接，Y11 与变频器的反转端 STR 相接。输入信号与输出信号之间的逻辑关系见图 6－4 所示程序梯形图。其工作过程如下。

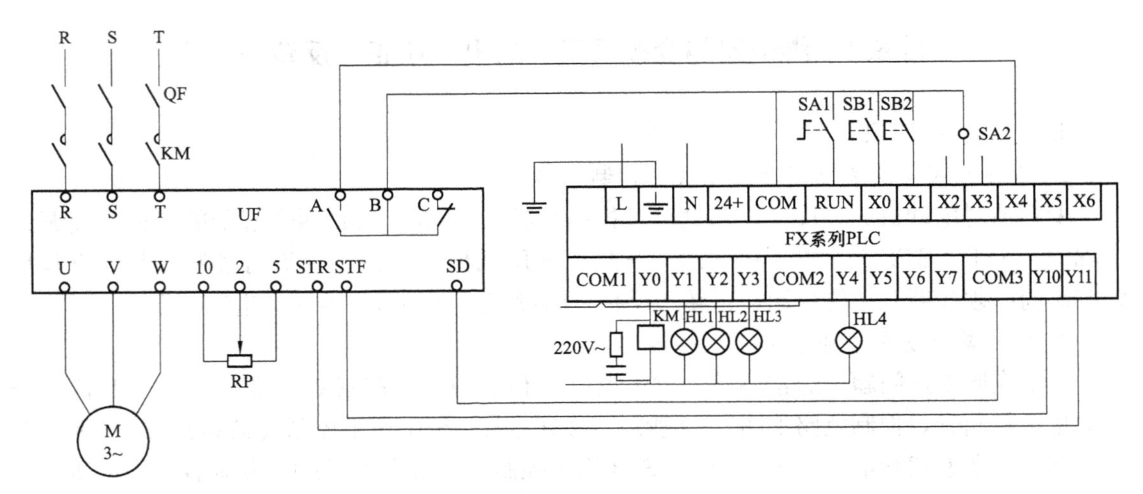

图 6－3 PLC 与变频器组合的电动机正反转控制电路

按下 SB1，输入继电器 X0 得到信号并动作，输出继电器 Y0 动作并保持，接触器 KM 动作，变频器接通电源。Y0 动作后，Y1 动作，指示灯 HL1 发亮。

将 SA2 旋至“正转”位，X2 得到信号并动作，输出继电器 Y10 动作，变频器的 STF 接通，电动机正转起动并运行。同时，Y2 也动作，正转指示灯 HL2 发亮。

如 SA2 旋至“反转”位，X3 得到信号并动作，输出继电器 Y11 动作，变频器的 STR 接通，电动机反转起动并运行。同时，Y3 也动作，反转指示灯 HL3 发亮。

当电动机正转或反转时，X2 或 X3 的动断触点断开，使 SB2（从而 X1）不起作用，于是防止了变频器在电动机运行的情况下切断电源。

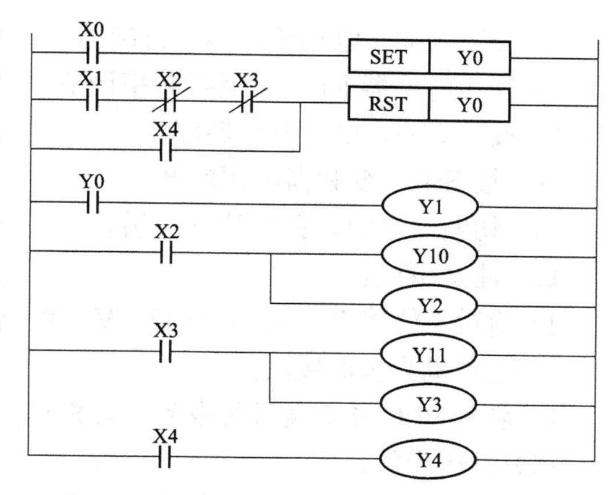

图 6－4　电动机正反转控制程序梯形图

将 SA2 旋至中间位，则电动机停机，X2、X3 的动断触点均闭合。如再按下 SB2，则 X1 得到信号，使 Y0 复位，KM 断电并复位，变频器脱离电源。

电动机运行时，如变频器因发生故障而跳闸，则 X4 得到信号，使 Y0 复位，变频器切断电源，同时 Y4 动作，指示灯 HL4 发亮。

与继电器控制变频器的正反转电路相比较，PLC 与变频器组合的电动机正反转控制具有操作方便、不需要停机，电流小的优点。

6.1.2　技能训练

某生产生产机械运行曲线如图 6－5 所示，基本参数设置表见表 6－1。

图 6－5　某生产机械运行曲线

表 6－1　某生产机械基本参数设置

参数名称	参数号	设置数据
上限频率	Pr. 1	50Hz
下限频率	Pr. 2	0Hz
基底频率	Pr. 3	50Hz
上升时间	Pr. 7	5s
下降时间	Pr. 8	3s
加、减速参考频率	Pr. 20	50Hz
运行模式	Pr. 79	1

1. 应用继电器与变频器组合的电动机正反转控制操作

（1）操作步骤：

1）按 MODE 键至“参数设定”画面，按表 6－1 设置基本参数。

2）按图 6－2 正确接线，并在变频器的 FM 端与 SD 端之间接一个频率计。

3）按下 SB2，变频器电源接通。

4）按下 SB4，电动机正转运行起动。

5）旋转电位器 RP，将运行频率调节至 40Hz，用转速表测试电动机的正向转速大小。

6）按下 SB3，电动机运转停止。

7）按下 SB6，电动机反转运行起动。

8）旋转电位器 RP，将运行频率调节至 40Hz，用转速表测试电动机的反向转速大小。

9）按下 SB5，电动机运转停止

10）按 SB1，变频器电源断开。

11）切断总电源，并且清理现场。

（2）注意事项：

1）绝对不能将 R、S、T 与 U、V、W 端子接反，否则会烧坏变频器。

2）电动机为星形接法。

2. 应用 PLC 与变频器组合的电动机正反转控制操作

（1）操作步骤：

1）按图 6－3 正确接线，并在变频器的 FM 端与 SD 端之间接一个频率计。

2）接通 PLC 的 220V 电源，将 PLC 开关拨至“STOP”位置，在 PLC 中输入程序。梯形程序图如图 6－4 所示。

3）合上空气断路器 QF。

4）将 PLC 程序运行开关拨向“RUN”，按下按钮 SB1，变频器电源接通，指示灯 HL1 发亮。

5）按 MODE 键至“参数设定”画面，按表 6－2 设置基本参数。

6）将 SA2 旋至“正转”位，电动机正转起动并运行，正转指示灯 HL2 发亮。

7）旋转电位器 RP，将运行频率调节至 40Hz，用转速表测试电动机的正向转速大小。

8）如 SA2 旋至“反转”位，电动机反转起动并运行，反转指示灯 HL3 发亮。

9）旋转电位器 RP，将运行频率调节至 40Hz，用转速表测试电动机的反向转速大小。

10）将 SA2 旋至中间位，电动机停机。

11）按下 SB2，变频器断电，将 PLC 拨至“STOP”，断开 QF，拆线并清理现场。

（2）注意事项：

1）绝对不能将 R、S、T 与 U、V、W 端子接反，否则会烧坏变频器。

2）PLC 的输出端子只相当于一个触点，不能接电源，否则会烧坏 PLC。

3）电动机为星形接法。

4）运行中若出现报警现象，复位后重新操作。

项目 6.2 继电器与变频器组合的变频与工频的切换控制

6.2.1 相关知识

一台电动机变频运行，当频率上升到 50Hz（工频）并保持长时间运行时，应将电动机切换到工频电网供电，让变频器休息或另作他用；另一种情况是当变频器发生故障时，则需将其自动切换到工频运行，同时进行声光报警。一台电动机运行在工频电网，若工作环境要求它进行无级变速，此时必须将该电动机由工频切换到变频状态运行。如何实现变频与工频之间的切换，下面进行讲述。

1. 继电器与变频器组合的变频与工频切换控制电路

由继电器与变频器组合的变频与工频切换控制电路如图 6－6 所示。运行方式由三位开关 SA 进行选择。其工作过程如下：

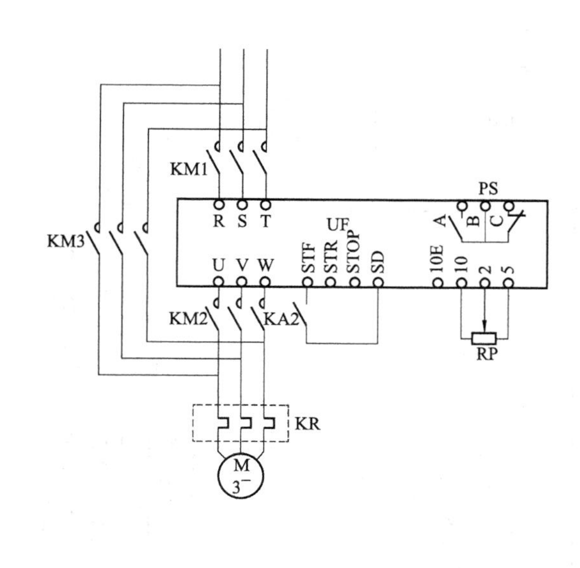

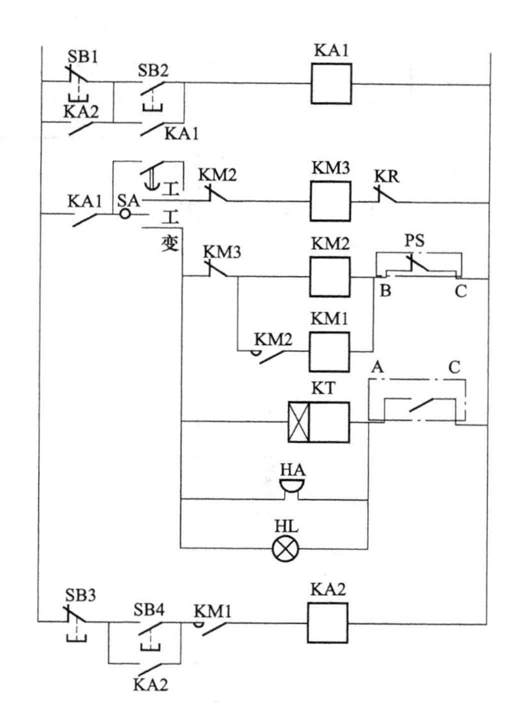

图 6－6　继电器与变频器组合的变频与工频切换控制电路

当 SA 合至工频运行方式时，按下起动按钮 SB2，中间继电器 KA1 动作并自锁，进而使接触器 KM3 动作，电动机进入工频运行状态。按下停止按钮 SB1，中间继电器 KA1 和接触器 KM3 均断电，电动机停止运行。

当 SA 合至变频运行方式时，按下起动按钮 SB2，中间继电器 KA1 动作并自锁，进而使接触器 KM2 动作，将电动机接至变频器的输出端。KM2 动作后，KM1 也动作，将工频电源接到变频器的输入端，并允许电动机起动。

按下 SB4，中间继电器 KA2 动作，电动机开始加速，进入变频运行状态。KA2 动作后，停止按钮 SB1 将失去作用，以防止直接通过切断变频器电源使电动机停机。

在变频运行过程中，如果变频器因故障而跳闸，则“B－C”断开，接触器 KM2 和 KM1 均断电，变频器与电源之间以及电动机与变频器之间都被切断。与此同时，“C－A”闭合，一方面，由蜂鸣器 HA 和指示灯 HL 进行声光报警。同时，时间继电器 KT 得电，其触点延时后闭合，使 KM3 动作，电动机进入工频运行状态。

操作人员发现后，应将选择开关 SA 旋至工频运行位，则声光报警停止，并使时间继电器断电。

2. 继电器与内置变频与工频切换功能的变频器组合的变频与工频切换控制电路

三菱变频器 FR－A740 变频器内部设置了变频运行和工频运行切换的功能，大大简化了外部控制电路，提高了切换的可靠性。下面以变频器发生故障后自动切换为工频运行为例，说明其使用方法。

(1) 电路图。变频器内设变频运行和工频运行切换功能的控制电路如图 6－7 所示。

1) 因为在变频器通电前，须事先对变频器的有关功能进行预置，故控制电源“R1－S1”

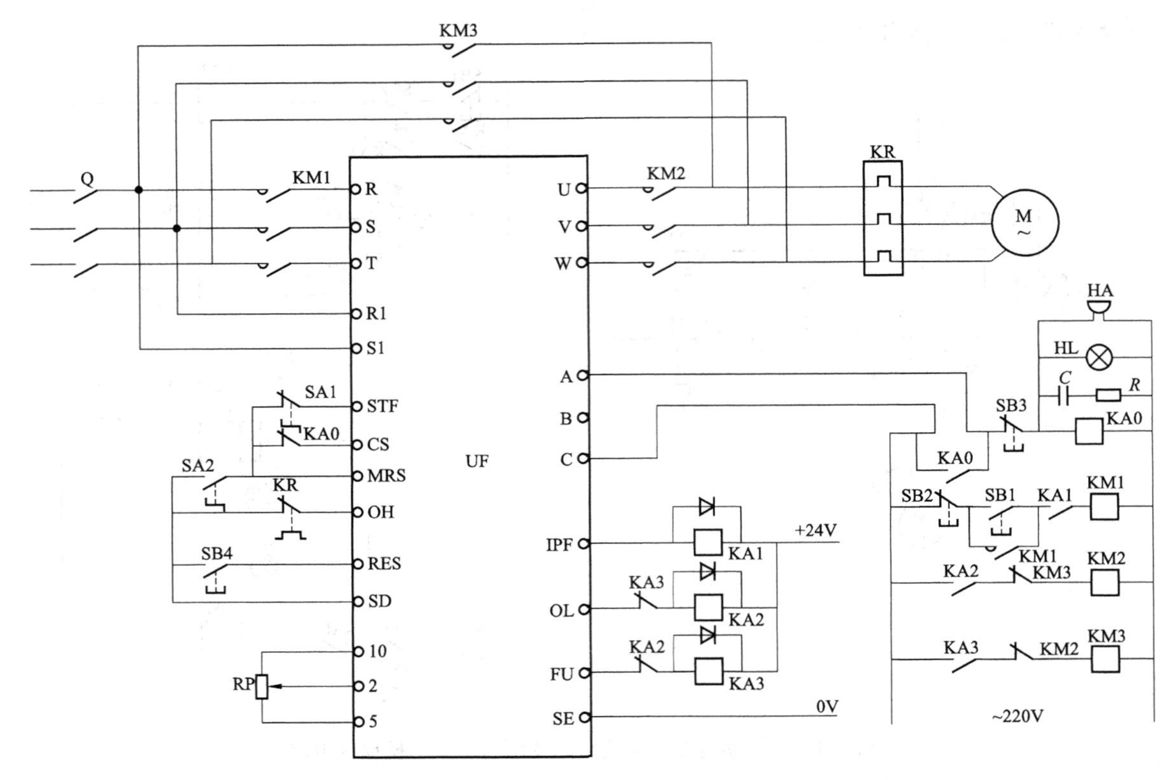

图 6－7　变频器内设变频运行和工频运行切换功能的控制电路

应接至接触器 KM1 的前面。

2）输出端 IPF、OL 和 FU 都是晶体管输出，只能用于 36V 以下的直流电路内，而我国并未生产线圈电压为直流低压的接触器。解决这个问题的方法有二：一是另购专用选件；二是用继电器 KA1、KA2 和 KA3 来过渡，这里采用后者。

3）控制状态。KA1 控制 KM1，KA2 控制 KM2，KA3 控制 KM3。工频运行时：KM1 接通；KM2 断开；KM3 接通。变频器运行时：KM1 接通；KM2 接通；KM3 断开。

（2）功能预置。使用前，必须对以下功能进行预置（可参照附录 A）：

1）预置操作模式。由于变频器的切换功能只能在外部运行下有效。因此，必须首先对运行模式进行预置：Pr. 79 预置为“2”，使变频器进入外部运行模式。

2）对切换功能进行预置。Pr. 135 预置为“1”，使变频与工频切换功能有效；Pr. 136 预置为“0. 3”，使切换 KA2、KA3 互锁时间预置为 0. 3s（说明书上为 0. 1s，由于增加了继电器作为中间环节，故适当延长）；Pr. 137 预置为“0. 5”，起动等待时间为 0. 5s；Pr. 138 预置为“1”，使报警时切换功能有效，即一旦报警，KA3 断开、KA2 闭合；Pr. 139 预置为“9999”，使到达某一频率的自动切换功能失效。

3）调整部分输入端的功能（多功能端子）。Pr. 185 预置为“7”，使 JOG 端子变为 OH 端子，用于接受外部热继电器的控制信号；Pr. 186 预置为“6”，使 CS 端子用于自动再起动控制。

4）调整部分输出端的功能（多功能端子）。Pr. 192 预置为“17”，使 IPF 端子用于控制 KA1；Pr. 193 预置为“18”，使 OL 端子用于控制 KA2；Pr. 194 预置为“19”，使 FU 端子用于控制 KA3。

（3）各输入信号对输出的影响。当选择了切换功能有效，即 Pr. 135="1"后，各输入信号对输出的影响见表 6-2。

表 6-2　　输入信号功能表

信号	使用端子	功能	开关状态
MRS	MRS	操作是否有效	ON：变频运行和工频运行切换可以进行 OFF：操作无效
CS	用多功能端子定义	变频运行→工频电源运行切换	ON：变频运行 OFF：工频电源运行
STF 或 STR	（STF）STR	变频运行指令（对工频运行无效）	ON：电动机正反转 OFF：电动机停止
OH	定义任一端子为 OH	外部热继电器	ON：电动机正常 OFF：电动机过载
RES	RES	运行状态初始化	ON：初始化 OFF：正常运行

备注：MRS="ON"时，CS 才能动作。MRS="ON"与 CS="ON"时，STF 才能动作，变频运行才能进行。如果 MRS 没有接通，既不能进行工频运行，也不能进行变频器运行。

（4）变频器的正常工作过程。

1）首先使开关 SA2 闭合，接通 MRS，允许进行切换；由于 Pr. 135 功能已经预置为"1"，切换功能有效。这时，继电器 KA1、KA2 吸合，KM2 得电，同时为 KM1 通电做准备。

2）按下 SB1，KM1、KM2 吸合，变频器接通电源和电动机。

3）将旋钮开关 SA1 闭合，变频器即开始起动，进入运行状态。其转速由电位器 RP 的位置决定。

（5）变频器发生故障后自动转换为工频的工作过程。

1）当变频器发生故障时，报警输出端 A 和 C 之间接通，继电器 KA0 吸合（为了保护变频器内部的触点，KA0 线圈两端并联了一个 R、C 吸收电路），其动断触点使输入端子 CS 断开，允许进行变频与工频之间的切换，同时，由蜂鸣器和指示灯进行声光报警。

2）继电器 KA1、KA2 断开，KA3 闭合，系统将按 Pr. 136 和 Pr. 137 所预置的时间自动地进行由变频运行转为工频运行的切换，接触器 KM1、KM2、KM3 相应地执行切换动作。

3）工作人员在闻声赶到后，应立即按下复位按钮 SB3，以停止声光报警，同时，开始对变频器进行检查。

3. PLC 与变频器组合的变频与工频切换控制电路

（1）电路图。应用 PLC 与变频器组合的变频与工频切换控制电路如图 6-8 所示。

（2）梯形图。输入信号与输出信号之间的逻辑关系见图 6-9 所示程序梯形图。

1）工频运行段。

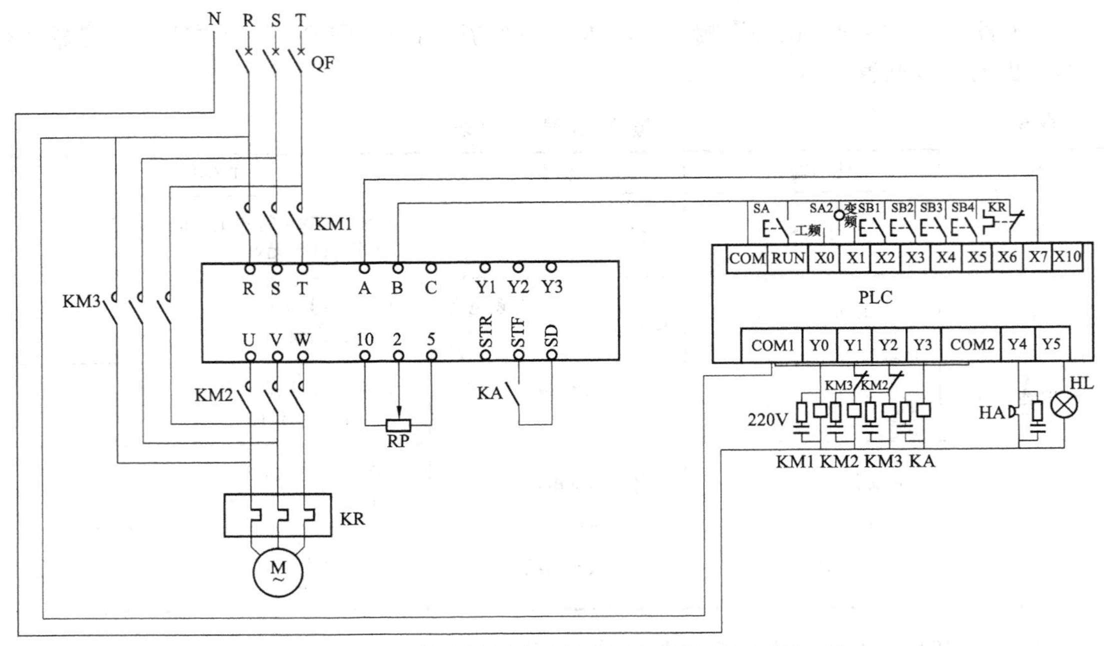

图 6－8 PLC 与变频器组合的变频与工频切换控制电路

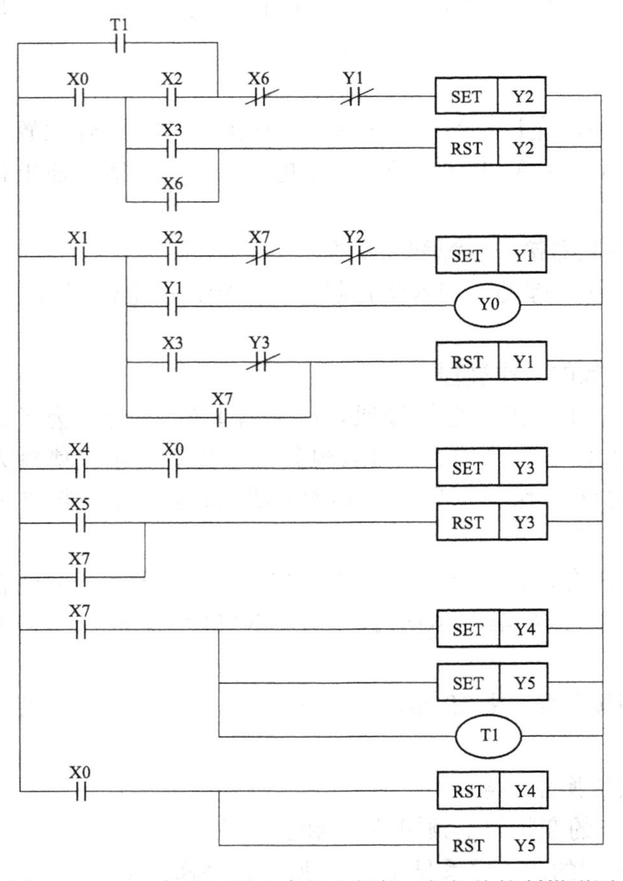

图 6－9 PLC 与变频器组合的变频与工频切换控制梯形图

a）将选择开关 SA2 旋至“工频运行位”，使输入继电器 X0 动作，为工频运行做好准备。

b）按起动按钮 SB1，输入继电器 X2 动作，使输出继电器 Y2 动作并保持，从而接触器 KM3 动作，电动机在工频电压下起动并运行。

c）按停止按钮 SB2，输入继电器 X3 动作，使输出继电器 Y2 复位，而接触器 KM3 失电，电动机停止运行。

注意：如果电动机过载，热继电器触点 KR 闭合，输入继电器 Y2、接触器 KM3 相继复位，电动机停止运行。

2）变频通电段。

a）先将选择开关 SA2 旋至变频运行位，使输入继电器 X1 动作，为变频运行做好准备。

b）按下 SB1，输入继电器 X2 动作，使输出继电器 Y1 动作并保持。一方面使接触器 KM2 动作，电动机接至变频器输出端；另一方面，又使输出继电器 Y0 动作，从而接触器 KM1 动作，使变频器接通电源。

c）按下 SB2，输入继电器 X3 动作，在 Y3 未动作或已复位的前提下，使输出继电器 Y1 复位，接触器 KM2 复位，切断电动机与变频器之间的联系。同时，输出继电器 Y0 与接触器 KM1 也相继复位，切断变频器的电源。

3）变频运行段。

a）按下 SB3，输入继电器 X4 动作，在 Y0 已经动作的前提下，输出继电器 Y3 动作并保持，继电器 KA 动作，变频器的 STF 接通，电动机升速并运行。同时，Y3 的动断触点使停止按钮 SB2 暂时不起作用，防止在电动机运行状态下直接切断变频器的电源。

b）按下 SB4，输入继电器 X5 动作，输出继电器 Y3 复位，继电器 KA 失电，变频器的 STF 断开，电动机开始降速并停止 。

4）变频器跳闸段。如果变频器因故障而跳闸，则输入继电器 X7 动作，一方面 Y1 和 Y3 复位，从而输出继电器 Y0、接触器 KM2 和 KM1、继电器 KA 也相继复位，变频器停止工作；另一方面，输出继电器 Y4 和 Y5 动作并保持，蜂鸣器 HA 和指示灯 HL 工作，进行声光报警。同时，在 Y1 已经复位的情况下，时间继电器 T1 开始计时，其动合触点延时后闭合，使输出继电器 Y2 动作并保持，电动机进入工频运行状态。

5）故障处理段。报警后，操作人员应立即将 SA 旋至工频运行位。这时，输入继电器 X0 动作，一 方面使控制系统正式转入工频运行方式；另一方面使 Y4 和 Y5 复位，停止声光报警。

6.2.2 技能训练

1. 继电器与内置变频与工频切换功能的变频器组合的变频与工频切换控制操作

(1) 变频运行时机械特性如图 6－10 所示，运行基本参数见表 6－3。

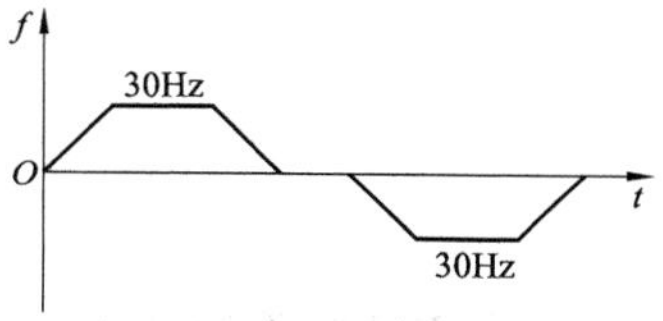

图 6－10　变频运行时机械特性

表 6－3　变频器运行基本参数

参数名称	参数号	设置数据
上限频率	Pr. 1	50Hz
下限频率	Pr. 2	0Hz
基底频率	Pr. 3	50Hz
上升时间	Pr. 7	5s
下降时间	Pr. 8	3s
加、减速参考频率	Pr. 20	50Hz

(2) 操作步骤。

1）按图 6－11 接好电路。

2）合上空气断路器 QF，按下 SB3、SB2 开关，变频器电源接通，控制电路工作在变频状态。

3）按 PU 键，将外部操作模式转换为 PU 操作模式，初始化变频器，使变频器内的所有参数恢复到出厂设定值。

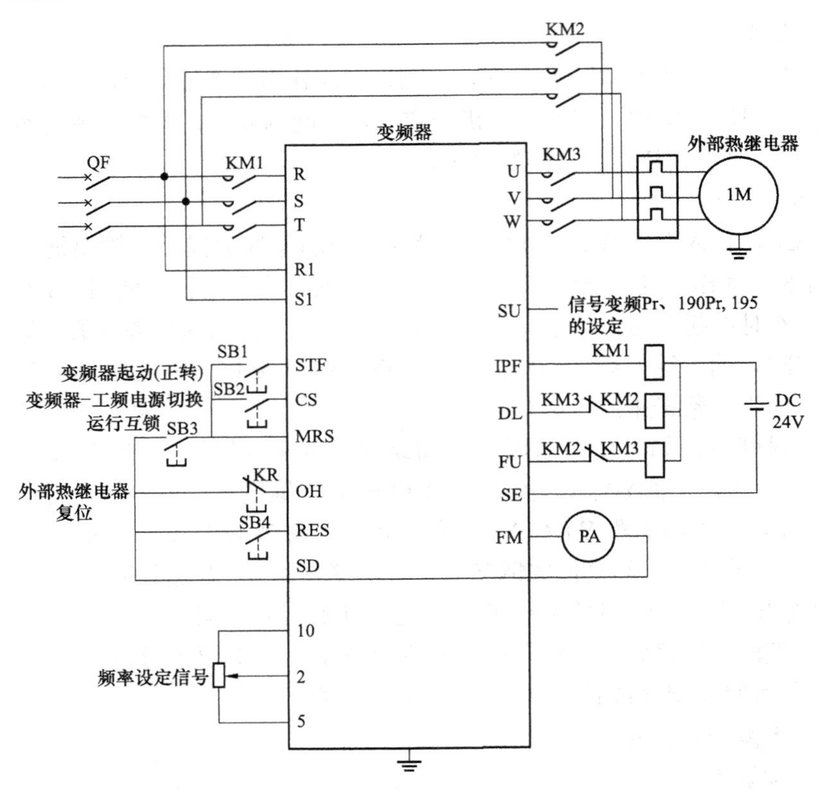

图 6-11 变频与工频切换控制电路

4）在 PU 操作模式下，按表 6-3 设置参数。

5）设置 Pr. 79=2，将 PU 操作模式转换为外部操作模式。

6）按下 SB1 开关，电动机正转起动并运行。

7）旋转电位器 RP，将运行频率调节至 30Hz，用转速表测试电动机的正向转速大小。

8）断开 SB2、SB1 开关，电动机切换到工频运行，用转速表测试电动机的正向转速大小。

9）训练完毕后，断开 SB3、SB2、SB1 开关，切断空气断路器 QF，拆除电路，并清理现场。

2. PLC 与变频器组合的变频与工频切换控制操作

（1）变频运行时机械特性运行曲线如图 6-10 所示，运行基本参数见表 6-4。

表 6-4 运行参数设置

参数号	设置值	参数号	设置值
Pr. 135	1	Pr. 185	7
Pr. 136	2. 0s	Pr. 186	6
Pr. 137	1. 0s	Pr. 192	17
Pr. 138	1. 0s	Pr. 193	18
Pr. 139	50Hz	Pr. 194	19

（2）操作步骤。

1）按图 6－8 接好电路。

2）合上空气断路器，接通电源。将 PLC 开关拨至“STOP”位置，在 PLC 中输入程序。梯形程序图如图 6－9 所示。

3）将 PLC 程序运行开关拨向“RUN”，将选择开关 SA2 旋至变频运行位，按下 SB1，使变频器接通电源。

4）按 PU 键，将外部操作模式转换为 PU 操作模式，初始化变频器，使变频器内的所有参数恢复到出厂设定值。

5）设置 Pr. 79＝2，“EXT”灯亮。

6）按下 SB3，电动机正转起动并运行。

7）旋转电位器 RP，将运行频率调节至 30Hz，用转速表测试电动机的正向转速大小。

8）按下 SB4，变频器停止工作，电动机降速并停止。

9）将选择开关 SA2 旋至工频运行位，按起动按钮 SB1，电动机将在工频电压下起动并运行，用转速表测试电动机的正向转速大小。

10）按停止按钮 SB2，变频器断电，电动机停止运行。

11）将 PLC 拨至“STOP”，断开空气断路器 QF，拆除接线并清理现场。

项目 6.3　继电器与变频器组合的多挡转速的控制

6.3.1　相关知识

在模块五中，手动选择变频器控制端子 RH、RM、RL、REX 的接通或关断，可实现多挡转速的运行。本项目用 PLC 的输出来控制上述端子的通断，实现多挡转速的自动切换运行。

1. PLC 与变频器组合的多挡转速控制电路

PLC 与变频器组合的多挡转速控制电路如图 6－12 所示。

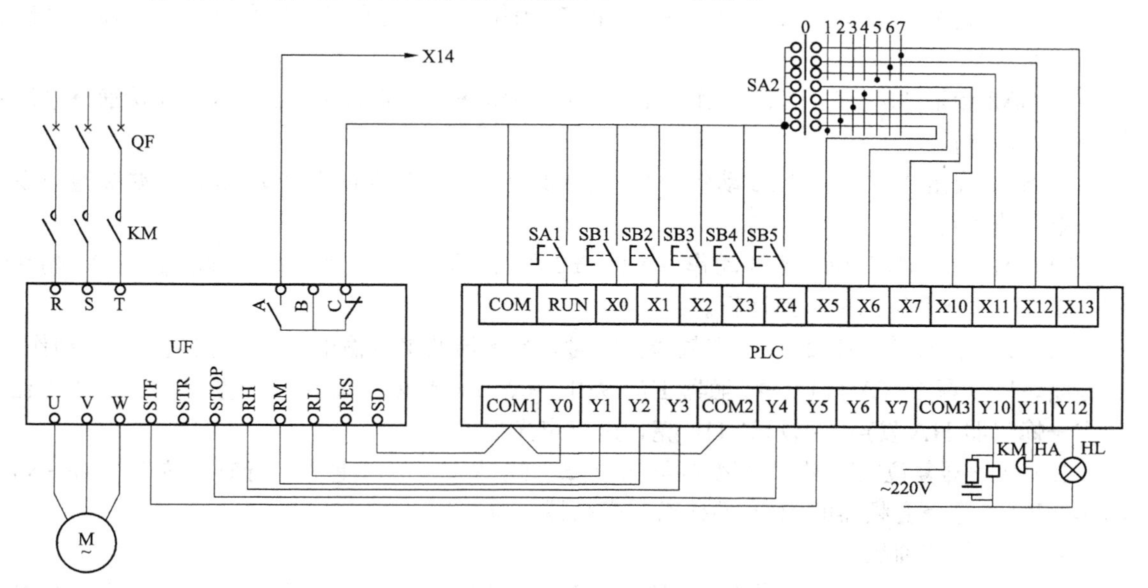

图 6－12　PLC 与变频器组合的多挡转速控制电路

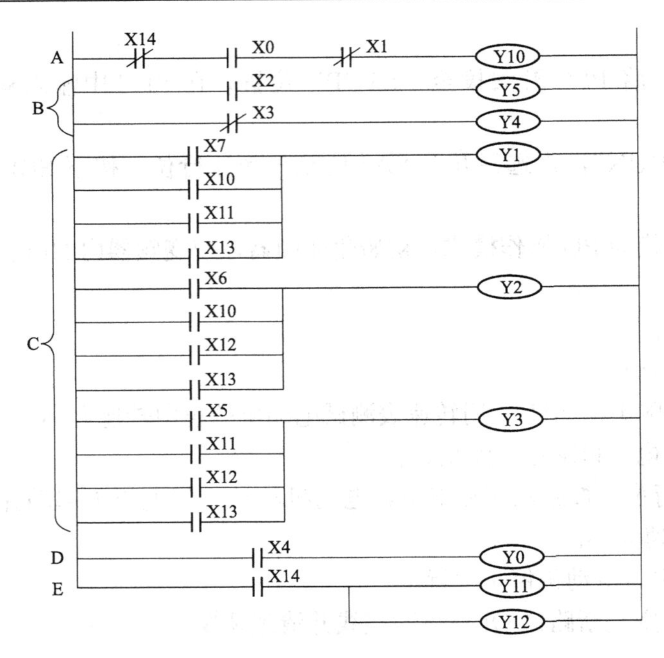

图 6-13 多挡转速控制梯形图

2. 梯形图

多挡转速控制梯形图如图 6-13 所示。

(1) 变频器的通电控制（A 段）。

1) 按下 SB1→X0 动作→Y10 动作→接触器 KM 得电并动作→变频器接通电源。

2) 按下 SB2→X1 动作→其动断触点使 Y10 释放→接触器 KM 失电→变频器切断电源。

(2) 变频器的运行控制（B 段）。

由于 X3 未动作，其动断触点处于闭合状态，故 Y4 动作，使 STOP 端与 SD 接通。由于变频器的 STOP 端接通，可以选择起动信号自保持，所以正转运行端（STF）具有自锁功能。

1) 按下 SB3→X2 动作→Y5 动作→STF 工作并自锁→系统开始加速并运行。

2) 按下 SB4→X3 动作→Y4 释放→STF 自锁失效→系统开始减速并停止。

(3) 多挡速控制（C 段）。

1) SA2 旋至“1”位→X5 动作→Y3 动作→变频器的 RH 端接通→系统以第 1 速运行；

2) SA2 旋至“2”位→X6 动作→Y2 动作→变频器的 RM 端接通→系统以第 2 速运行；

3) SA2 旋至“3”位→X7 动作→Y1 动作→变频器的 RL 端接通→系统以第 3 速运行；

4) SA2 旋至“4”位→X10 动作→Y1 和 Y2 动作→变频器的 RL 端和 RM 端接通→系统以第 4 速运行；

5) SA2 旋至“5”位→X11 动作→Y1 和 Y3 动作→变频器的 RL 端和 RH 端接通→系统以第 5 速运行；

6) SA2 旋至“6”位→X12 动作→Y2 和 Y3 动作→变频器的 RM 端和 RH 端接通→系统以第 6 速运行；

7) SA2 旋至“7”位→X13 动作→Y1、Y2 和 Y3 都动作→变频器的 RL 端、RM 端和 RH 端都接通→系统以第 7 速运行。

(4) 变频器报警（E 段）。当变频器报警时，变频器的报警输出 A 和 C 接通→X14 动作：一方面，Y10 释放（A 行）→接触器 KM 失电→变频器切断电源；另一方面，Y11 和 Y12 动作→蜂鸣器 HA 发声，指示灯 HL 亮，进行声光报警。

(5) 变频器复位（D 段）。当变频器的故障已经排除，可以重新运行时，按下 SB5→X4 动作→Y0 动作→变频器的 RES 端接通→变频器复位。

6.3.2 技能训练

训练内容：用 PLC 实现图 6-14 所示某生产机械特性运行曲线的控制，其基本运行参数见表 6-5。

表 6-5　**基本运行参数表**

参数名称	参数号	设置值
提升转矩	Pr. 0	5%
上限频率	Pr. 1	50Hz
下限频率	Pr. 2	3Hz
基底频率	Pr. 3	50Hz
加速时间	Pr. 7	5s
减速时间	Pr. 8	3s
电子过流保护	Pr. 9	5A（由电动机功率确定）
加、减速基准频率	Pr. 20	50Hz

操作步骤：

（1）按 6-12 接好电路。

（2）接通 PLC 的 220V 电源，将 PLC 开关拨至“STOP”位置，在 PLC 中输入程序。梯形程序图如图 6-13 所示。

（3）将 PLC 程序运行开关拨向“RUN”，合上空气断路器 QF，按下 SB1，接通变频器电源。

（4）按 PU 键，将外部操作模式转换为 PU 操作模式，初始化变频器，使变频器内的所有参数恢复到出厂设定值。

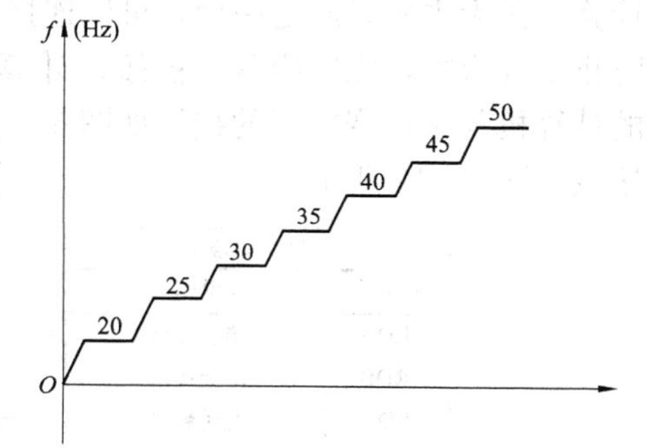

图 6-14　某生产机械特性运行曲线

（5）设置 Pr. 79=3，使“EXT”灯和“PU”灯均亮。

（6）设定 7 挡运行速度参数，有关参数典型值如下：Pr. 4=20Hz；Pr. 5=25Hz；Pr. 6=30Hz；Pr. 24=35Hz；Pr. 25=40Hz；Pr. 26=45Hz；Pr. 27=50Hz。

（7）将 SA2 旋至“1”位，按下 SB3，电动机正转运行在 20Hz。

（8）将 SA2 旋至“2”位，电动机正转运行在 25Hz。

（9）将 SA2 旋至“3”位，电动机正转运行在 30Hz。

（10）将 SA2 旋至“4”位，电动机正转运行在 35Hz。

（11）将 SA2 旋至“5”位，电动机正转运行在 40Hz。

（12）将 SA2 旋至“6”位，电动机正转运行在 45Hz。

（13）将 SA2 旋至“7”位，电动机正转运行在 50Hz。

（14）按下 SB4，变频器断电，电动机开始减速并停止。

（15）将 PLC 拨至“STOP”，断开空气断路器 QF，拆除接线并清理现场。

项目 6.4　变频器的通信控制

6.4.1　相关知识

通常变频器的控制由操作面板来完成，也可通过外部输入控制信号来实现，现在越来越多的场合需要对变频器进行网络通信和监控，三菱变频器提供了多种通信方式。

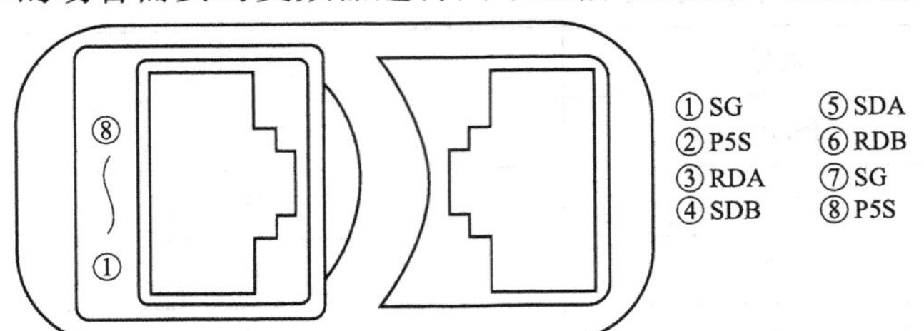

图 6－15　PU 接口插针排列

三菱变频器有一个 PU 口，用于连接变频器的操作单元，在操作面板的后面，这个 PU 口是个 RS－485 的接口，从变频器正面看，插针排列如图 6－15 所示，利用这个接口可以用通信电缆与计算机连接起来，通过在计算机上编制用户程序实现对变频器进行运行状态的监控、运行频率的设定、起动、停止等操作。

1. 计算机与变频器之间的硬件连接

由于变频器的 PU 口是一个RS－485 接口，因此相应的计算机也必须有 RS－485 接口。计算机作为主机只能是一台，可以连接多台变频器，连接的变频器应分配不同的站号，为了防止干扰影响，配线应尽可能短。计算机与变频器的标准连接采用 5 根线，带有 RS－485 的计算机与一台变频器的接线如图 6－16 所示。带有 RS－485 接口的计算机与多台变频器的接线如图 6－17 所示。

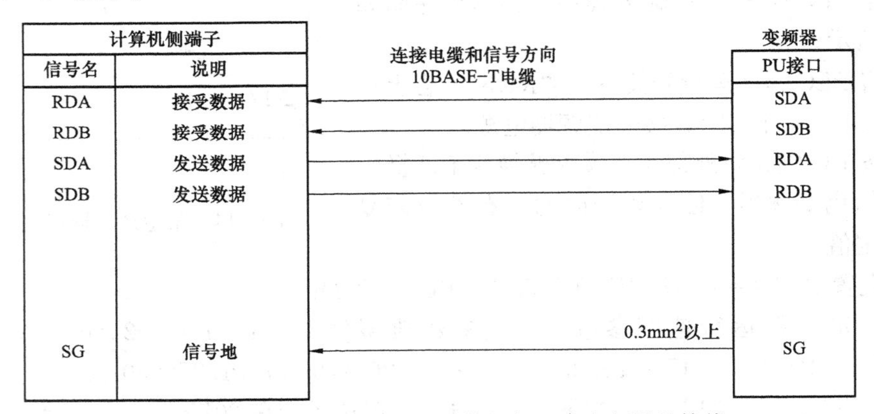

图 6－16　带有 RS－485 的计算机与一台变频器的接线

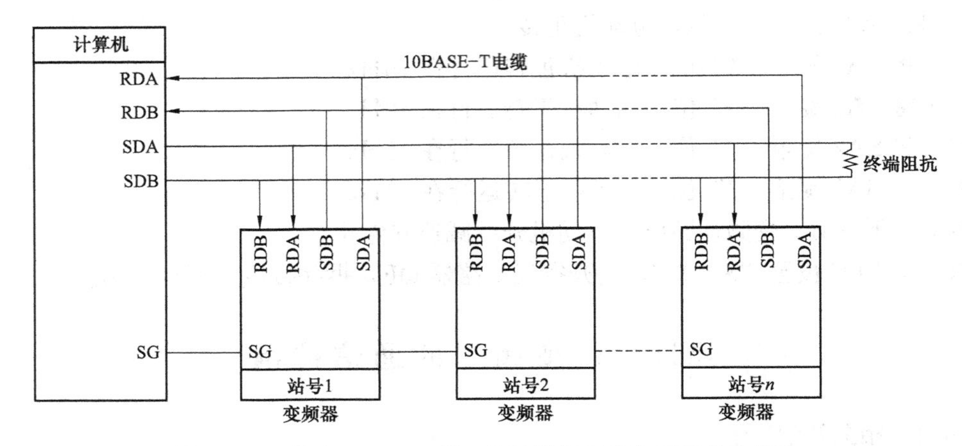

图 6－17　带有 RS－485 接口的计算机与多台变频器的接线

由于目前使用的计算机串行接口多采用 RS－232C，因而需外加 RS－232C 与 RS－485 的电平转换器。带有 RS－232C 接口的计算机与多台变频器组合的连接示意图如图 6－18 所示。

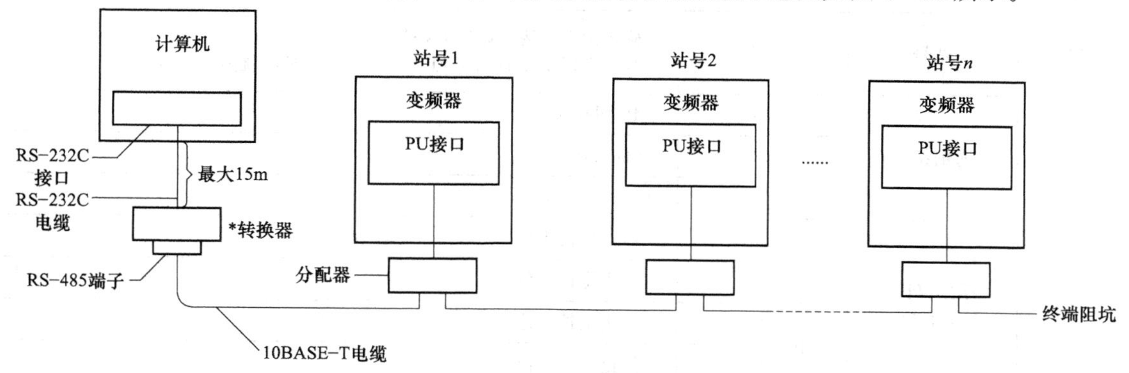

图 6－18　带有 RS－232C 接口的计算机与多台变频器组合的连接示意图

在使用时必须注意：

（1）RS－485 接口采用 RJ45 插座，连接电缆采用 10BASE－T 电缆。

（2）在电缆与 PU 接口连接时，必须要首先卸下操作面板。

（3）不能将 PU 接口连入计算机的局域网卡、传真机调制解调器或电话接口，否则，由于电子规格的不同，可能会损坏变频器。

（4）通信电缆使用五芯电缆，插针 2 和 8 不使用。

2. 计算机与变频器之间的通信规格

计算机与变频器之间进行通信，要按照一定的规格，见表 6－6。

表 6－6　　计算机与变频器的通信规格

项目			规格
符合的标准			RS－485
可连接的变频器数量			1：N（最多 32 台变频器）
通信频率			可选择 19200、9600、4800bit/s
控制协议			异步
通信方式			半双工
通信格式	字符方式		ASCII（7 位/8 位）可选
	停止位长		可在 1 位和 2 位之间选择
	结束		CR/LF（有/没有 可选）
	校验方式	奇偶效验	可选择有（奇或偶）或无
		总和效验	有
	等待时间设定		在有或无之间选择

3. 变频器的初始化参数设定

计算机与变频器之间进行通信，必须在变频器的初始化中设定通信规格，如果没有设定或有错误的设定，数据将不能通信，需要设定的参数见表 6－7。特别要注意的是：每次参数设定后，需复位变频器，确保设定的参数有效。

表 6－7 **变频器初始化参数设定表**

参数号	名称	设定值		说明
117	站号	0～31		确定由PU接口通信的站号。 当两台以上变频器接到一台计算机上时，就需要站号
118	通信接口	48		4800bit/s
		96		9600bit/s
		192		19200bit/s
119	停止位长/字节长	8位	0	停止位长1位
			1	停止位长2位
		7位	10	停止位长1位
			11	停止位长2位
120	奇偶校验有/无	0		无
		1		奇校验
		2		偶校验
121	通信再试次数	0～10		设定发生数据接收错误后允许的再试次数，如果错误连续发生次数超过允许值，变频器将报警停止
		9999 (65535)		如果通信发生错误，变频器没有报警停止，这时变频器可通过输入MRS或RES信号，变频器（电动机）滑行到停止。 错误发生时，轻微故障信号（LF）送到集电极开路端子输出。用Pr. 190至Pr. 195中的任何一个分配给相应的端子（输出端子功能选择）
122	通信校验时间间隔	0		不通信
		0.1～999.8		设定通信效验时间（s）间隔
		9999		如果无通信状态持续时间超过允许时间，变频器进入报警停止状态
123	等待时间设定	0～150ms		设定数据传输到变频器的相应时间
		9999		用通信数据设定
124	CR LF有/无选择	0		无CR/LF
		1		有CR
		2		有CR/LF

4. 计算机与变频器的通信过程

计算机与变频器之间的数据传输是自动以ASCII码式进行的。通信时计算机作为发送单元，起动通信过程，而变频器只能作为接收单元。计算机与变频器之间的通信比较复杂，根据实现功能不同，它们之间的通信过程也不相同，通信过程可分为三个阶段：通信请求阶段、变频器响应阶段和计算机对响应数据应答阶段（并不是所有功能都需三阶段）。具体三个阶段的执行过程如图6－19所示。

计算机发出数据请求后，变频器经过一定时间的数据处理，检查数据是否发生错误。如果变频器发现有数据错误就拒绝接收请求，并要求计算机执行再试操作，如果连续再试操作超过设定值，变频器就进入报警停止状态。计算机得到变频器的响应后，计算机再对返回的数据进行校验，如果校验到数据错误就要求变频器再返回一次响应数据，如果连续再试操作

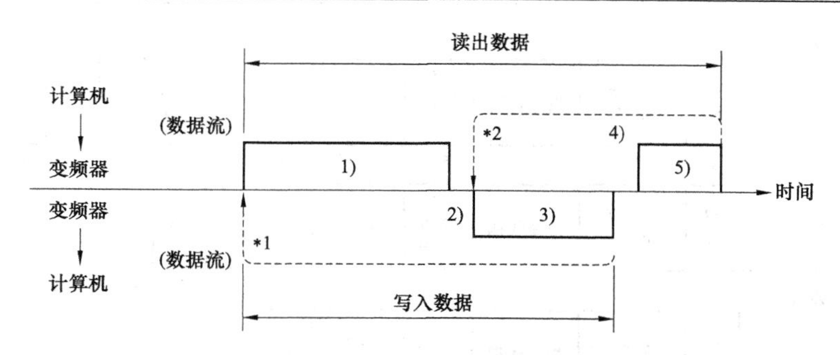

图 6-19　计算机与变频器通信的执行过程

超过设定值，变频器就进入报警停止状态。当数据确认无误后通信有效。

图 6-19 中，*1 表示如果发现用户程序通信请求发送到变频器的数据有错误时，从用户程序通信执行再试操作。如果连续再试次数超过参数设定值，变频器进入到报警停止状态。*2 表示发现从变频器返回的数据错误时，从变频器给计算机返回“再试数据 3”。如果连续数据错误次数达到或超过参数设定值，变频器进入到报警停止状态。图 6-19 中 2 为变频器数据处理时间，除变频器复位外，其他均有数据通信；4 为计算机处理延迟时间，无通信操作；空白处均表示无通信操作。

5. 计算机与变频器的通信数据格式

(1) 数据格式类型。计算机对变频器进行运行状态的监控、运行频率的设定、起动、停止等操作，各种控制的通信数据格式类型见表 6-8。

表 6-8　　计算机与变频器的通信数据格式类型

<table>
<tr><th>编号</th><th colspan="2">操　作</th><th>运行指令</th><th>运行频率</th><th>参数写入</th><th>变频器复位</th><th>监示</th><th>参数读出</th></tr>
<tr><td>1)</td><td colspan="2">根据用户程序通信请求发送到变频器</td><td>A′</td><td>A</td><td>A</td><td>A</td><td>B</td><td>B</td></tr>
<tr><td>2)</td><td colspan="2">变频器数据处理时间</td><td>有</td><td>有</td><td>有</td><td>无</td><td>有</td><td>有</td></tr>
<tr><td rowspan="3">3)</td><td rowspan="3">从变频器返回的数据（检查数据 1 的错误）</td><td>没有错误</td><td rowspan="2">C</td><td rowspan="2">C</td><td rowspan="2">C</td><td rowspan="2">无</td><td rowspan="2">E
E′</td><td rowspan="2">E</td></tr>
<tr><td>接受请求</td></tr>
<tr><td>有错误
拒绝请求</td><td>D</td><td>D</td><td>D</td><td>无</td><td>F</td><td>F</td></tr>
<tr><td>4)</td><td colspan="2">计算机处理延迟时间</td><td>无</td><td>无</td><td>无</td><td>无</td><td>无</td><td>无</td></tr>
<tr><td rowspan="3">5)</td><td rowspan="3">计算机根据返回数据 3 的应答（检查数据 3 的错误）</td><td>没有错误</td><td rowspan="2">无</td><td rowspan="2">无</td><td rowspan="2">无</td><td rowspan="2">无</td><td rowspan="2">G</td><td rowspan="2">G</td></tr>
<tr><td>不处理</td></tr>
<tr><td>随着错误
数据 3 输出</td><td>无</td><td>无</td><td>无</td><td>无</td><td>H</td><td>H</td></tr>
</table>

(2) 具体通信数据格式。数据在上位计算机与变频器上位机之间通信的数据使用 ACSII 码传输。

1) 从计算机到变频器的通信请求数据格式如图 6-20 所示。

2) 写入数据时从变频器到计算机的应答数据格式如图 6-21 所示。

3) 读出数据时从变频器到计算机的应答数据格式如图 6-22 所示。

4) 读出数据时从计算机到变频器的发送数据格式如图 6-23 所示。

[数据格式]
格式A
*3 ENQ
变频器站号
指令代码
*5 等待时间
数据
总和校验
*4
1 2 3 4 5 6 7 8 9 10 11 12 13 字符数
格式A′
*3 ENQ
变频器站号
指令代码
*5 等待时间
数据
总和校验
*4
1 2 3 4 5 6 7 8 9 10 11 字符数
[数据读出]
格式B
*3 ENQ
变频器站号
指令代码
*5 等待时间
总和校验
*4
1 2 3 4 5 6 7 8 9 字符数

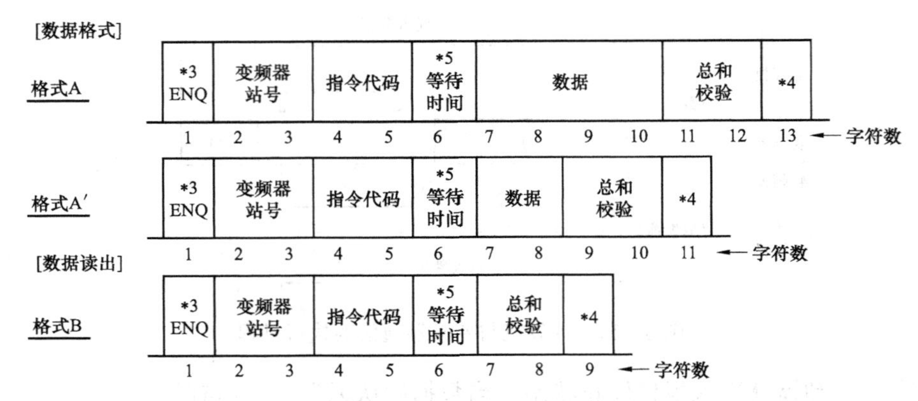

图 6-20 从计算机到变频器的通信请求数据格式示意图

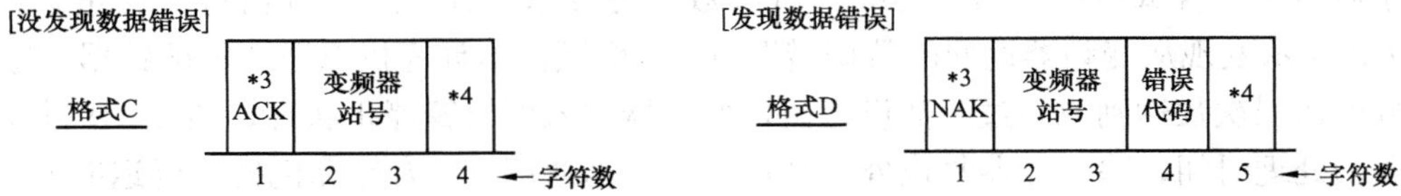

[没发现数据错误]
格式C
*3 ACK
变频器站号
*4
1 2 3 4 字符数
[发现数据错误]
格式D
*3 NAK
变频器站号
错误代码
*4
1 2 3 4 5 字符数

图 6-21 写入数据时从变频器到计算机的应答数据格式示意图

[没有发现数据错误]
格式E
*3 STX
变频器站号
读出数据
*3 ETX
总和校验
*4
1 2 3 4 5 6 7 8 9 10 11
格式E′
*3 STX
变频器站号
读出数据
*3 ETX
总和校验
*4
1 2 3 4 5 6 7 8 9 字符数
[发现数据错误]
格式F
*3 NAK
变频器站号
错误代码
*4
1 2 3 4 5

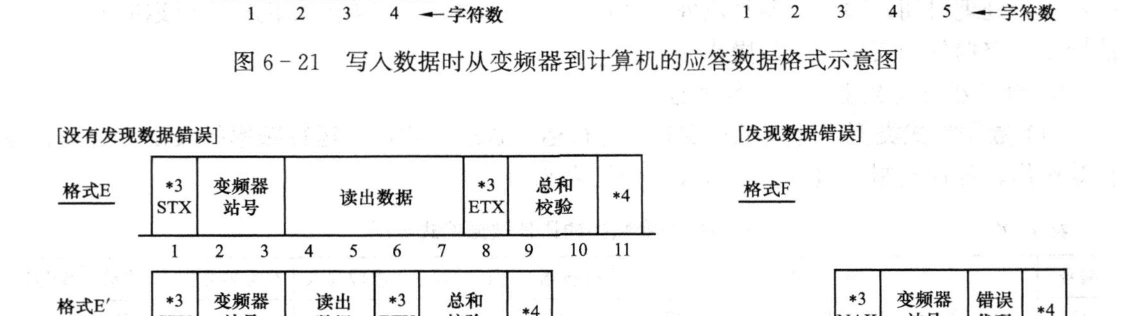

图 6-22 读出数据时从变频器到计算机的应答数据格式示意图

[没发现数据错误]
格式G
*3 ACK
变频器站号
*4
1 2 3 4 字符数
[发现数据错误]
格式H
*3 NAK
变频器站号
*4
1 2 3 4 字符数

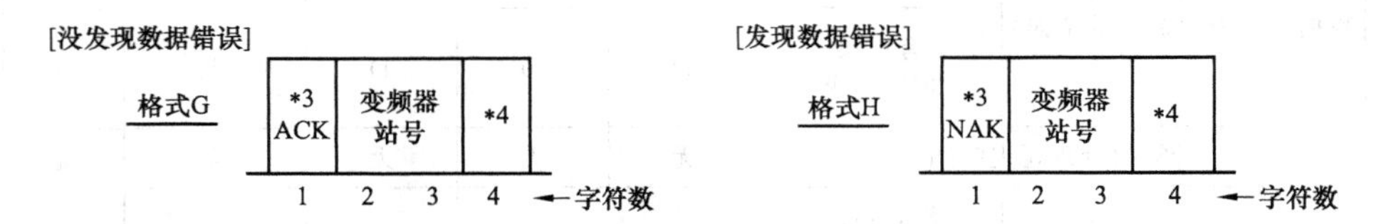

图 6-23 读出数据时从计算机到变频器的发送数据格式示意图

(3) 数据格式中的数据定义。

1) 数据格式中的 * 3 表示控制代码，各控制代码的定义见表 6-9。

表 6-9　　　　控制代码定义表

信号	ASCII 码	说明
STX	H02	正文开始（数据开始）
ETX	H03	正文结束（数据结束）
ENQ	H05	查询（通信请求）

续表

信号	ASCII码	说明
ACK	H06	承认（没发现数据错误）
LF	H0A	换行
CR	H0D	回车
NAK	H15	不承认（发现数据错误）

2）变频器站号。规定与计算机通信的站号，变频器站号范围在H00～HIF（00～31）之间设定。

3）指令代码。由计算机（PLC）发给变频器，指明程序工作（如运行、监视）状态。因此，通过响应指令代码，变频器可工作在运行和监视等状态。指令代码的定义见表6-10。

表6-10　指令代码的定义表

指令代码	指令定义	对应的ASCII码
HFA	正转	H02
HFA	反转	H04
HFA	停止	H00
HED	频率写入	H0000～H2EE0
H6F	频率输出	H0000～H2EE0
H71	电流输出	H0000～HFFFF
H72	电压输出	H0000～HFFFF

4）数据。数据表示与变频器传输的数据，如频率和参数等。依照指令代码，确认数据的定义和设定范围。

5）等待时间。规定为变频器从接收到计算机（PLC）来的数据到传输应答数据之间的等待时间。根据计算机的响应时间在0～150ms之间来设定等待时间（见图6-24），最小设定单位为10ms。若设定值为1，则等待时间为10ms；若设定值为2，则等待时间为20ms。

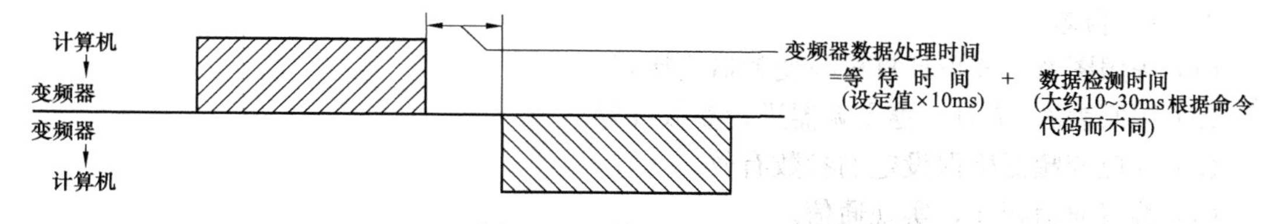

图6-24　等待时间示意图

注：Pr.123（响应时间设定）不设定为9999的场合下，数据格式中的“响应时间”字节没有，而是作为通信请求数据，其字符数减少一个。

6）总和校验，指被校验的ASCII码数据的总和。它的求法是：将从“站号”到“数据”的ASCII码按十六进制加法求总和，再对和的低两位进行ASCII编码。总和校验计算示例如图6-25所示。

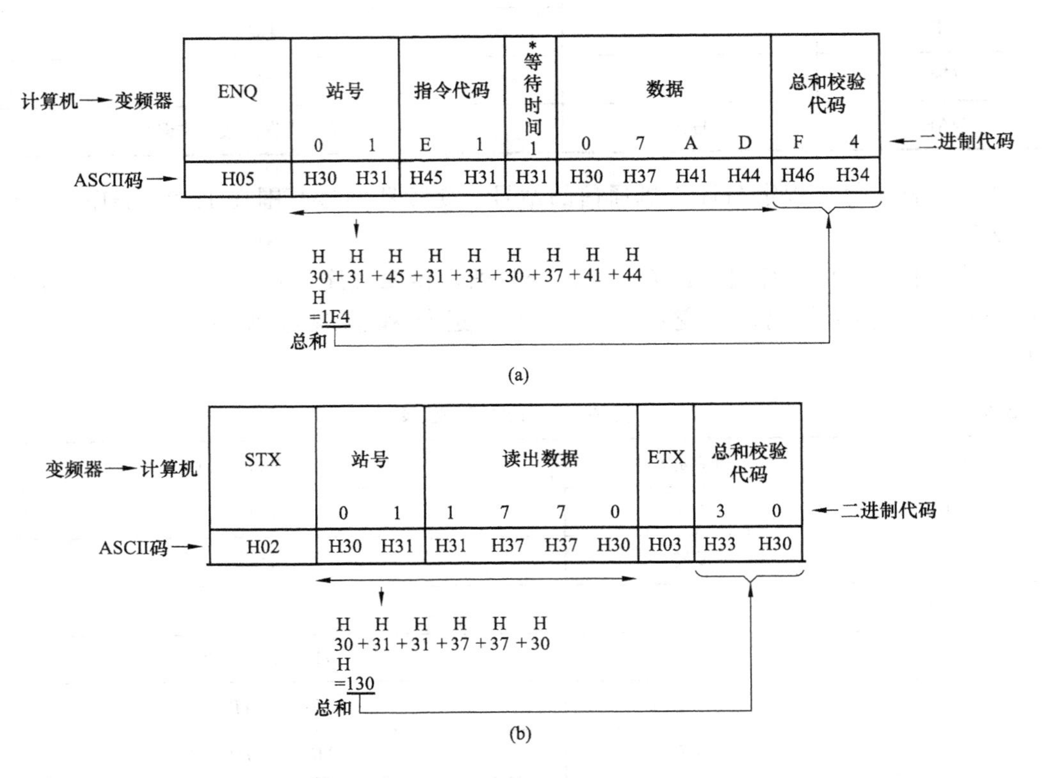

图6-25 总合校验计算示例

(a) 计算机→变频器；(b) 变频器→计算机

6. 编程

计算机对变频器控制编程常用VB、VC、汇编等语言，程序中主要包括数据编码、求取效验和、成帧、发送数据、接收数据的奇偶效验、超时处理、出错重发处理等。

6.4.2 技能训练

1. 训练要求

利用计算机控制变频器。

2. 训练内容

(1) 按照图6-15把计算机与变频器连接好。

(2) 按照表6-7对三菱变频器进行参数设置。

(3) 复位变频器确保设定的参数有效。

(4) 编写通信程序，实现通信。

PC机通过RS-485通信控制变频器运行的参考梯形图程序见图6-26。以上程序运行时，PC机通过RS-485正转起动变频器。

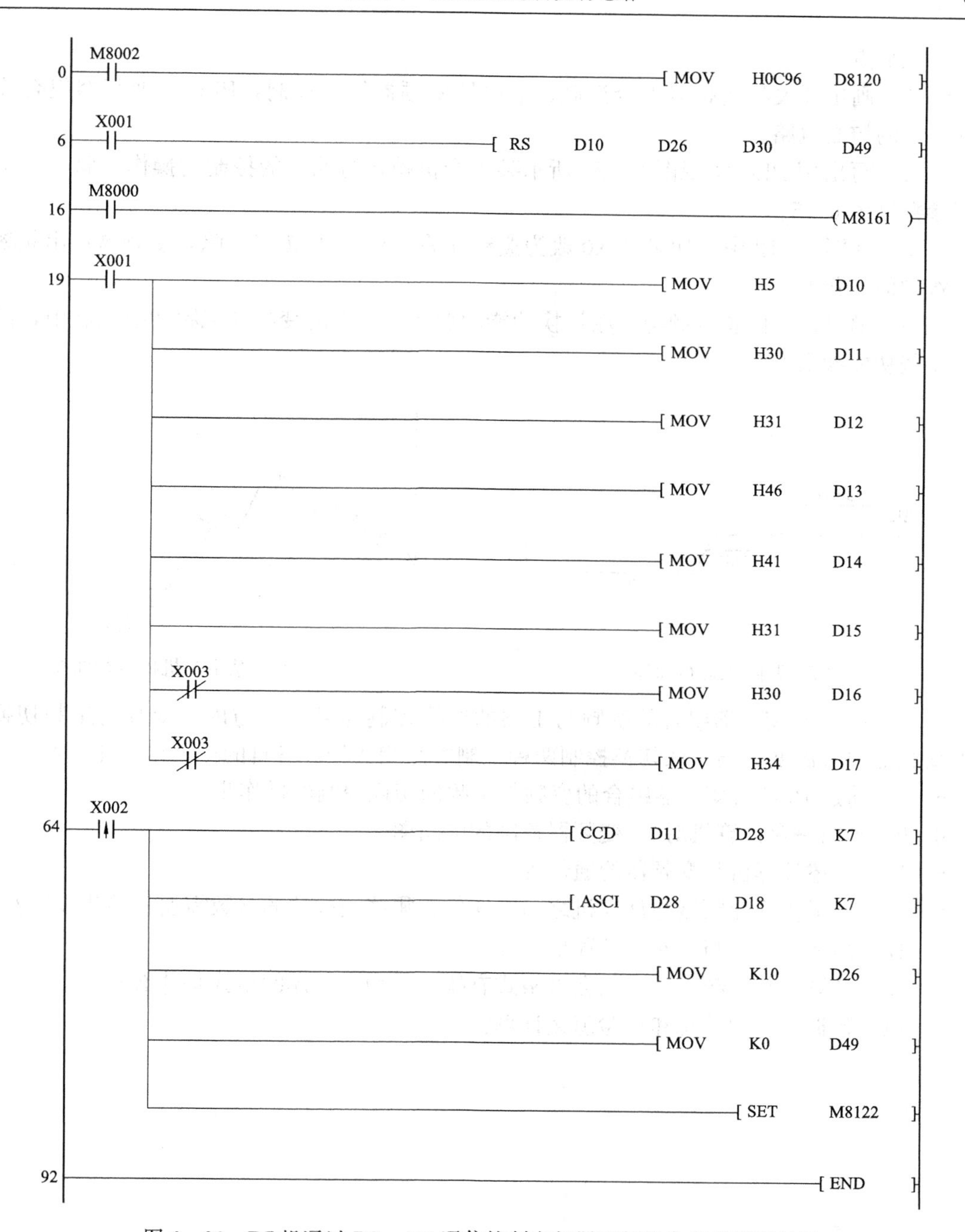

图 6-26 PC 机通过 RS-485 通信控制变频器运行的参考梯形图程序

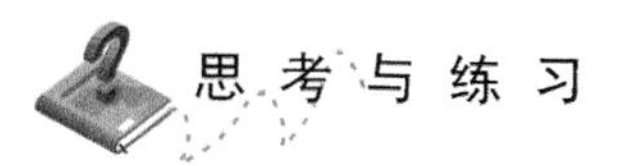

6-1 有一台升降机，机械特性运行曲线如图 6-27 所示。试用 PLC 和变频器组合控制，画出接线图，写出参数设置步骤，编写程序梯形图，并进行上机调试。

6-2 简述开关和变频器组合控制、继电器变频器组合控制，PLC 和变频器组合控制三者的优缺点。

6－3　画出开关和变频器组合控制、继电器变频器组合控制，PLC 和变频器组合控制三种方式的控制电路。

6－4　写出用 PLC 实现图 6－28 所示某生产机械运行曲线的控制的操作步骤，其基本运行参数见表 6－5。

6－5　在图 6－12 中，如果将 X0 改为拨动开关，Y0 的自锁点去除，变频器输出频率的规律将如何变化？

6－6　继电器与内置变频与工频切换功能的变频器组合的变频与工频切换控制中，需要设置哪些功能参数？

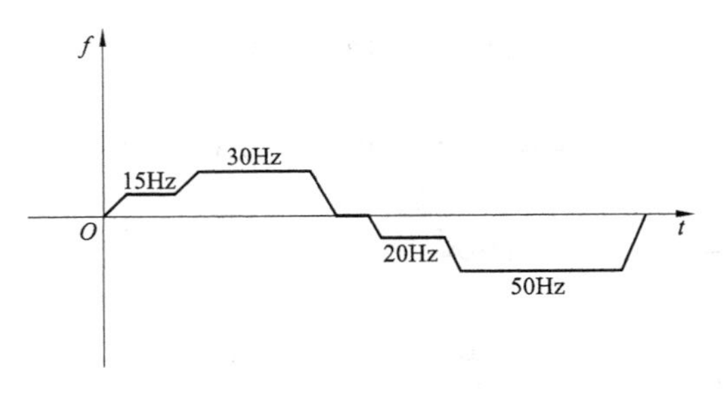

图 6－27　升降机运行曲线

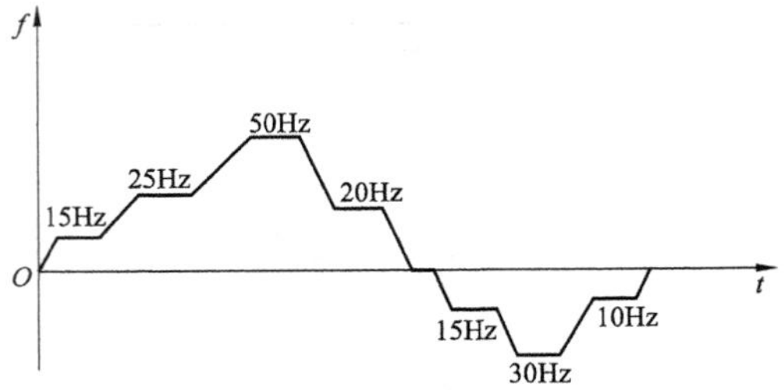

图 6－28　某生产机械运行曲线

6－7　PLC 与变频器组合的变频与工频的切换控制与继电器与内置变频与工频切换功能的变频器组合的变频与工频切换控制两种控制方法相比较，各自的优缺点是什么？

6－8　简述 PLC 与变频器组合的变频与工频的切换控制的操作步骤。

6－9　画出一台计算机对 10 变频器控制的电路图。

6－10　简述计算机与变频器的通信规格。

6－11　为了实现变频器与计算机之间的通信，哪些变频器的参数需要初始化设置？

6－12　简述计算机与变频器的通信过程。

6－13　计算机与变频器通信的数据格式有哪些类型？具体的格式是什么？

6－14　数据定义中的总和校验怎么计算？

模块七　变频器选用、安装与维护

在变频器的使用中，由于变频器选型、使用和维护不当，往往会引起变频器不能正常运行，甚至引发设备故障，导致生产中断，带来不必要的损失。本模块将介绍变频器的选择、安装和维护方法。

知识目标

掌握变频器类型、容量和外围设备选择的方法；了解变频器安装和布线时应注意的事项；熟悉变频器常用的抗干扰措施；了解变频器常用的保护功能和复位方法；了解变频器其他常见故障的分析和处理方法。

技能目标

能够根据不同负载类型和负载运行情况，对变频器类型、容量和外围设备进行正确选择；能够对变频器进行正确安装和布线；当变频器保护功能作用时，能够对变频器进行复位；对变频器的常见故障能够正确分析和处理。

专题 7.1　变 频 器 的 选 用

在实际工程应用中，变频器的选择包括类型选择、容量选择和外围设备选择三个方面。

7.1.1　变频器类型的选择

在电力拖动中，存在两个主要转矩，一个是生产机械的负载转矩 T_L，一个是电动机的电磁转矩 T_e，这两个转矩与转速之间的关系称为负载的机械特性 $n=f(T_L)$ 和电动机的机械特性 $n=f(T_e)$。电力拖动系统的稳态工作情况取决于电动机和负载的机械特性，因此选择变频器的类型，合理地配置一个电力拖动系统，必须要了解负载的机械特性。

1. 负载的机械特性

(1) 恒转矩负载及其特性。在工矿企业中应用比较广泛的带式输送机、桥式起重机等都属于恒转矩负载类型。提升类负载也属于恒转矩负载类型，其特殊之处在于正反转时有着相同方向的转矩。

1) 转矩特点。在不同的转速下，负载转矩基本恒定，有

$$T_L = 常数$$

即负载转矩的大小 T_L 与转速 n 的高低无关，其机械特性如图 7-1 (b) 所示。

2) 功率特点。负载的功率 P_L (kW)、转矩 T_L (N·m)，与转速 n 之间的关系是

$$P_L = \frac{T_L n}{9550}$$

即负载功率与转速成正比，其功率曲线如图 7-1 (c) 所示。

3) 典型实例。带式输送机基本结构和工作情况如图 7-1 (a) 所示。当带式输送机运动

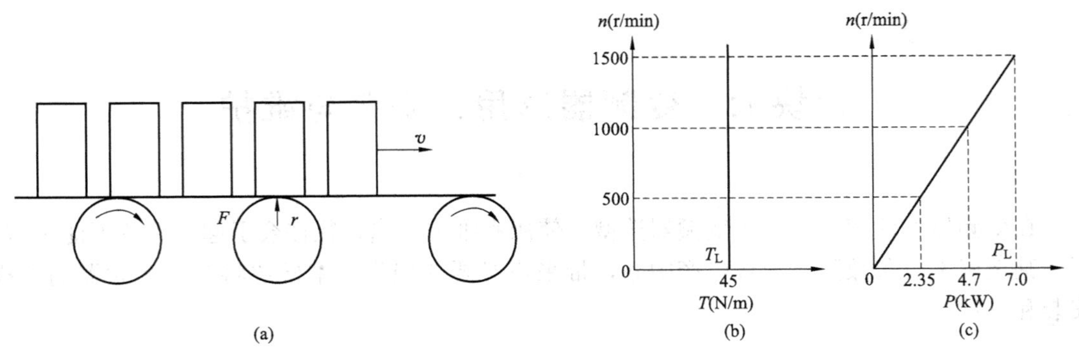

图 7-1 恒转矩负载及其特性

（a）带式输送机；（b）机械特性；（c）功率特性

时，其运动方向与负载阻力方向相反。其负载转矩的大小与阻力的关系为

$$T_L = Fr$$

式中 F——传动带与滚筒间的摩擦阻力，N；

r——滚动的半径，m。

由于 F 和 r 都和转速的快慢无关，所以在调节转速 n 的过程中，转矩 T_L 保持不变，即具有恒转矩的特点。

(2) 恒功率负载及其特性。各种卷取机械是恒功率负载类型，例如造纸机械。

1）功率特点。在不同转速下，负载的功率基本恒定，有

$$P_L = 常数$$

即负载功率的大小与转速的高低无关，其功率特性如图 7-2（c）所示。

2）转矩特点。负载转矩与功率、转速之间的关系为

$$T_L = \frac{9550P_L}{n}$$

即负载转矩的大小与转速成反比，如图 7-2（b）所示。

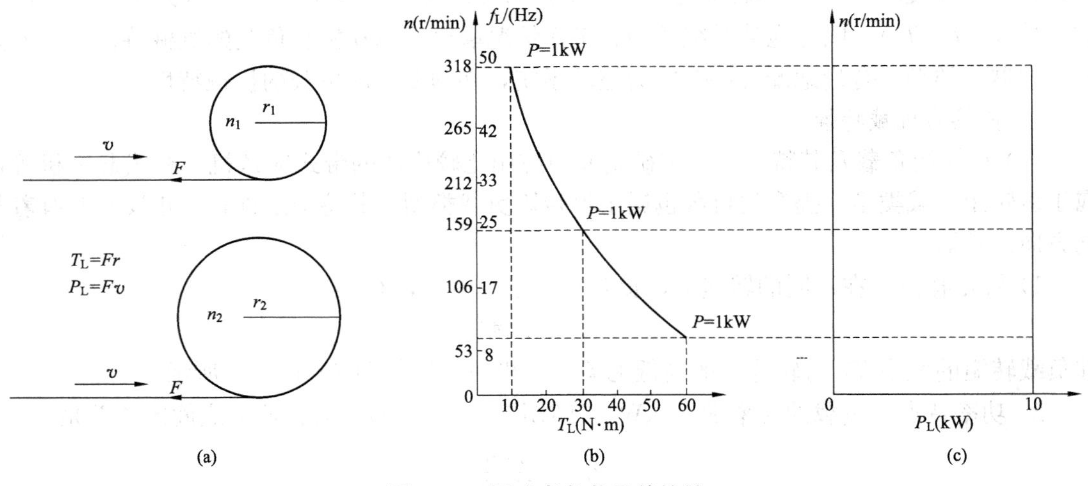

图 7-2 恒功率负载及其特性

（a）薄膜的卷取；（b）机械特性；（c）功率特性

3）典型实例。各种薄膜的卷取机械如图 7-2（a）所示。其工作特点是：随着“薄膜卷”的卷径不断增大，卷取的转速应逐渐减小，以保持薄膜的线速度恒定，从而保持了张力的恒定。而负载转矩的大小 T_L 为

$$T_L = Fr$$

式中　F——卷取物的张力，在卷取过程中，要求张力保持恒定；

　　r——卷取物的卷取半径，随着卷取物不断地卷绕到卷取辊上，r 将越来越大。

由于具有以上特点，因此在卷取过程中，拖动系统的功率是恒定的，有

$$P_L = Fv = \text{常数}$$

式中　v——卷取物的线速度。

随着卷绕过程的不断进行，被卷取物的直径不断增大，负载转矩也不断加大。

（3）二次方律负载及其特性。离心式风机和水泵都属于典型的二次方律负载。

1）转矩特点。负载的转矩 T_L 与转速 n 的二次方成正比，即

$$T_L = K_T n^2$$

式中　K_T——负载转矩常数。

其机械特性曲线如图 7-3（b）所示。

2）功率特点。二次方律负载的功率与转速 n 的三次方成正比，即

$$P_L = K_P n^3$$

式中　K_P——二次方律负载的功率常数。

其功率特性如图 7-3（c）所示。

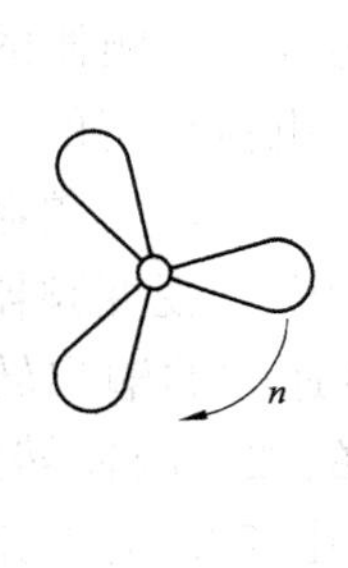

(a)　(b)　(c)

图 7-3　二次方率负载及其特性

（a）风机叶片；（b）机械特性；（c）功率特性

3）典型实例。以风扇叶［见图 7-3（a）］为例，即使在空载的情况下，电动机的输出轴上也会有损耗转矩 T_0，如摩擦转矩。因此，严格地讲，其转矩表达式应为

$$T_L = T_0 + K_T n^2$$

功率表达式为

$$P_L = P_0 + K_P n^3$$

式中　P_0——空载损耗；

　　n——风扇转速。

2. 不同机械特性的负载应选用的变频器类型

不同机械特性的负载选用的变频器类型见表 7-1。

表 7-1 不同机械特性的负载选用的变频器

负载		恒转矩	恒功率	二次方率
变频器类型	一般要求	U/f 控制变频器	U/f 控制变频器	U/f 控制变频器
	要求较高	矢量控制变频器、直接转矩控制变频器	矢量控制变频器、直接转矩控制变频器	

7.1.2 变频器容量的选择

变频器的容量一般用额定输出电流（A）、输出容量（kVA）、适用电动机功率（kW）表示。其中，额定输出电流为变频器可以连续输出的最大交流电流有效值。

1. 额定输出电流

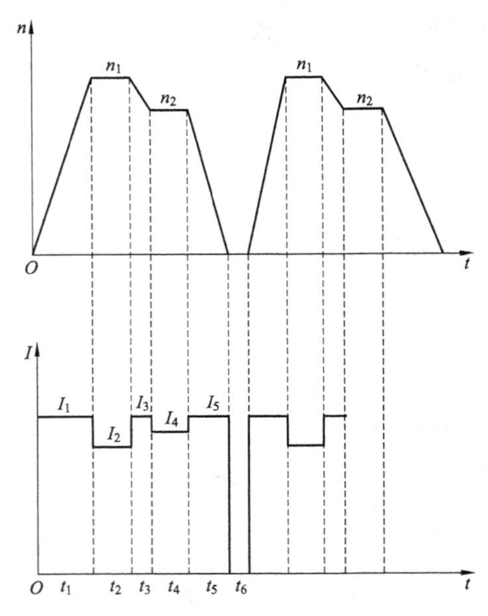

图 7-4 频繁加、减速运转时的运行曲线

采用变频器驱动异步电动机调速时，在异步电动机确定后，通常应根据异步电动机的额定电流来选择变频器，或者根据异步电动机实际运行中的电流值（最大值）来选择变频器。

（1）连续运行的场合。由于变频器供给电动机的电流是脉动电流，其脉动值比工频供电时的电流要大，因此须将变频器的容量留有适当的裕量。一般令变频器的额定输出电流为 1.05～1.1 倍的电动机的额定电流（铭牌值）或电动机实际运行中的最大电流。

（2）短时加、减速运行的场合。变频器的最大输出转矩是由变频器的最大输出电流决定的。一般情况下，对于短时间的加、减速而言，变频器允许达到额定输出电流的 130%～150%（视变频器容量有别）。因此，在短时间加、减速时的输出转矩也可以增大；反之如只需要较小的加、减速转矩时，也可降低选择变频器的容量。由于电流的脉动原因，此时应将变频器的最大输出电流降低 10%后再进行选定。

（3）频繁加、减速运转的场合。频繁加、减速运转时的运行曲线如图 7-4 所示。变频器容量的选定可根据加速、恒速、减速等各种运行状态下变频器的电流值来确定变频器额定输出电流 I_{ON}，按下式选定

$$I_{ON} = k_0(I_1t_1 + I_2t_2 + \cdots + I_5t_5)/(t_1 + t_2 + \cdots + t_5)$$

式中 I_1，I_2——各运行状态下的平均电流，A；

t_1，t_2——各运行状态下的时间；s；

k_0——安全系数，加、减速频繁时取 1.2，一般运行时取 1.1。

（4）电流变化不规则的场合。运行中如果电动机电流不规则变化，主要指不均匀负载或冲击负载，此时不易获得运行特性曲线。这时，可使电动机在输出最大转矩时的电流限制在变频器的额定输出电流内，即

$$I_{ON} > I_{max}$$

式中 I_{max}——电动机工作时的最大转矩电流。

(5) 电动机直接起动时的场合。通常，三相异步电动机直接用工频起动时起动电流为其额定电流的5～7倍，直接起动时可按下式选取变频器，即

$$I_{ON} \geqslant I_K / K_g$$

式中 I_K——电动机在额定电压、额定频率下起动时的堵转电流，A；

K_g——变频器的允许过载倍数，$K_g = 1.3 \sim 1.5$。

(6) 多台电动机共享一台变频器供电。上述步骤(1)～(5)仍适用，但应考虑以下几点：

1) 在电动机总功率相等的情况下，由多台小功率电动机组成的一组电动机效率，比由台数少但电动机功率较大的一组低。因此，两者电流总值并不等，可根据各电动机的电流总值来选择变频器。

2) 在整定软起动、软停止时，一定要按起动最慢的那台电动机进行整定。

3) 若有一部分电动机直接起动，可按下式进行计算

$$I_{ON} \geqslant [a_2 I_K + (a_1 - a_2) I_N] / K_g$$

式中 a_1——电动机总台数；

a_2——直接起动的电动机台数；

I_N——电动机额定电流。

多台电动机依次进行直接起动，到最后一台时，起动条件最不利。

(7) 容量选择注意事项。

1) 并联追加投入起动。用1台变频器使多台电动机并联运行时，如果所有电动机同时起动加速，可按如前所述选择容量。但是对于一小部分电动机开始起动后再追加投入其他电动机起动的场合，此时，变频器的电压、频率已经上升，追加投入的电动机将产生大的起动电流，因此，变频器容量与同时起动时相比需要大些。

2) 大过载容量。根据负载的种类往往需要过载容量大的变频器。通用变频器过载容量通常多为125%、60s或150%、60s，需要超过此值的过载容量时必须增大变频器的容量。

3) 轻载电动机。电动机的实际负载比电动机的额定输出功率小时，则认为可选择与实际负载相称的变频器容量。对于通用变频器，即使实际负载小，使用比按电动机额定功率选择的变频器容量小的变频器并不理想。

2. 额定输出电压

变频器的输出电压按电动机的额定电压选定。在我国低压电动机多数为380V，可选用400V系列变频器。应当注意变频器的工作电压是按U/f曲线变化的。变频器规格表中给出的输出电压是变频器的可能最大输出电压，即基频下的输出电压。

3. 输出频率

变频器的最高输出频率根据类型不同而有很大不同，有50/60、120、240Hz或更高。50/60Hz的变频器，以在额定速度以下范围内进行调速运转为目的，大容量通用变频器几乎都属于此类。最高输出频率超过工频的多为小容量变频器。在50/60Hz以上区域，由于输出电压不变，为恒功率特性，要注意在高速区转矩减小的情况。例如，车床根据工件的直径和材料改变速度，在恒功率的范围内使用；在轻载时采用高速可以提高生产率，但需注意不要超过电动机和负载的允许最高速度。

考虑到以上各点，根据变频器的使用目的所确定的最高输出频率来选择变频器。

变频器内部产生的热量大，考虑到散热的经济性，除小容量变频器外几乎都是开启式结构，采用风扇进行强制冷却。变频器设置场所在室外或周围环境恶劣时，最好装在独立盘上，采用具有冷却热交换装置的全封闭式结构。

对于小容量变频器，在粉尘、油雾多的环境或者棉绒多的纺织厂也可采用全封闭式结构。

7.1.3 变频器外围设备及其选择

变频器的运行离不开某些外围设备，这些外围设备通常都是选购件。选用外围设备通常是为了提高变频器的某些性能，对变频器和电动机进行保护以及减小变频器对其他设备的影响等。

变频器的外围设备如图 7-5 所示，下面分别说明其用途与注意事项等。

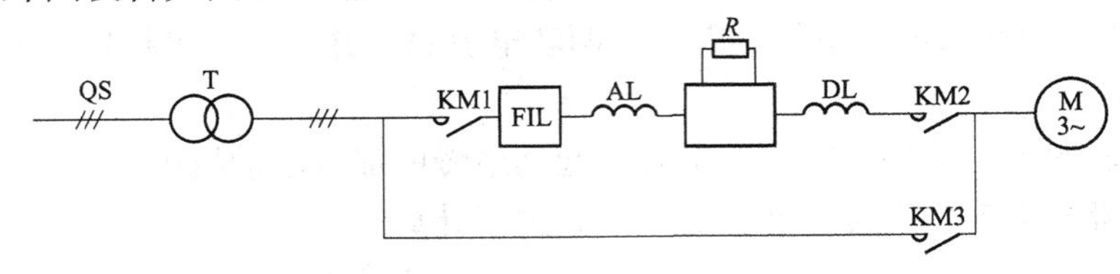

图 7-5 变频器的外围设备示意图

1. 电源变压器 T

电源变压器 T 将高压电源变换成通用变频器所需的电压等级，例如 220V 量级或 400V 量级等。变频器的输入电流含有一定量的高次谐波，使电源侧的功率因数降低。若再考虑变频器的运行效率，则变压器的容量常按下式取值

$$变压器的容量=\frac{变频器的输出功率}{变频器输入功率因数\times变频器效率}$$

其中，变频器功率因数在有输入交流电抗器 AL 时取 0.8～0.85，在无输入电抗器 AL 时则取 0.6～0.8。变频器效率可取 0.95，输出功率应为所接电动机的总功率。

2. 低压断路器 QS

低压断路器 QS 用于控制电源回路的通断。在出现过电流或短路故障时自动切断电源，以免事故扩大。如果需要进行接地保护，也可采用漏电保护式开关。使用变频器无一例外地都采用低压断路器。

3. 接触器 KM1

接触器 KM1 用于控制变频器电源的通断。在变频器保护功能起作用时，应切断电源。对于电网停电后的复电，可以防止自动再投入，以保护设备及人身安全。接触器外形如图 7-6 所示。

4. 无线电噪声滤波器 FIL

无线电噪声滤波器 FIL 用于限制变频器因高次谐波对外界的干扰，可酌情选用。

5. 交流电抗器 AL 和 DL

AL 用于抑制变频器输入侧的谐波电流，改善功率因数。选用与否应视电源变压器与变频器容量的匹配情况及电网电压允许的畸变程度而定，一般情况采用为好。DL 用于改善变频器输出电流的波形，降低电动机的噪声。交流电抗器外形如图 7-7 所示。

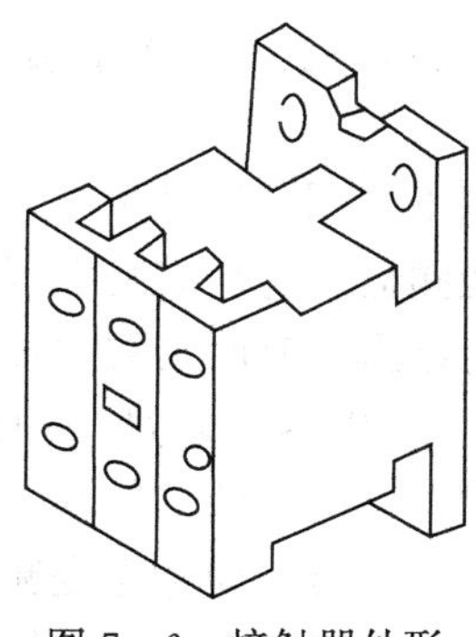

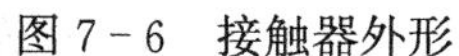

图 7－6　接触器外形

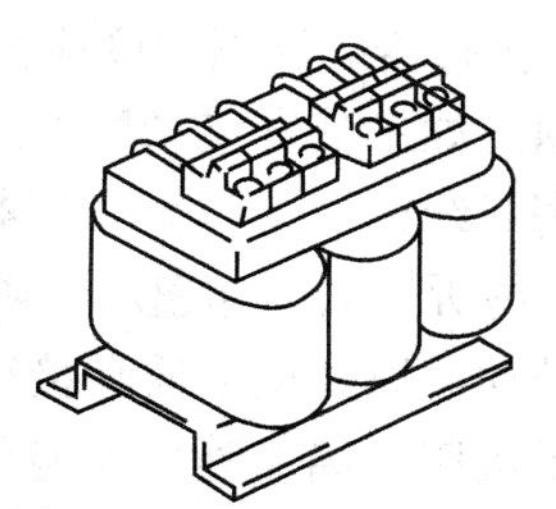

图 7－7　交流电抗器外形

6. 制动电阻 R

制动电阻 R 用于吸收电动机再生制动的再生电能，可以缩短大惯量负载的自由停车时间，还可以在位能负载下降时实现再生运行。

制动电阻阻值及功率计算比较复杂，一般用户可以参照表 7－2 中的最小制动电阻根据经验选取，也可以由试验来确定。

表 7－2　　允许的最小制动电阻

电动机功率（kW）	0.4	0.75	2.2	3.7	5.5	7.5	11	15	18.5～45
最小制动电阻（Ω）	96	96	64	32	32	32	20	20	12.8

7. 接触器 KM2 和 KM3

接触器 KM2 和 KM3 用于变频器与工频电网之间的切换运行。KM2 与 KM3 之间的互锁可以防止变频器的输出端接到工频电网上，以免变频器输出端误接到工频电网损坏变频器。如果不需要变频器与工频电网的切换功能，可以不要 KM2。

注意，有些类型的变频器要求 KM2 只能在电动机和变频器处于停机状态时动作。

专题 7.2　变频器的安装、布线及抗干扰

7.2.1　变频器的安装

变频器属于精密设备，为了确保其能够长期、安全、可靠地运行，安装时必须充分考虑变频器工作场所的条件。

1. 设置场所

安装变频器的场所应具备以下条件：

（1）无易燃、易爆、腐蚀性气体和液体，粉尘少。

（2）结构房或电气室应湿气少，无水浸。

（3）变频器易于安装，并有足够的空间便于维修检查。

（4）应备有通风口或换气装置，以排出变频器产生的热量。

（5）应与易受变频器产生的高次谐波和无线电干扰影响的装置隔离。

（6）若安装在室外，须单独按照户外配电装置设置。

2. 使用环境

变频器长期、安全、可靠运行的条件：

(1) 环境温度。变频器的运行温度多为 0～40℃或－10～50℃，要注意变频器柜体的通风情况。

(2) 环境湿度。变频器的周围湿度应为 90%以下。周围湿度过高，存在电气绝缘降低和金属部分腐蚀的问题。如果受安装场所的限制，变频器不得已安装在湿度高的场所，变频器的柜体应尽量采用密封结构。为防止变频器停止时结露，有时装置需加对流加热器。

(3) 振动。安装场所的振动加速度应限制在 0.6g 以内，超过变频器的容许值时，则部件的紧固部分出现松动，以及继电器和接触器等的可动部分的器件误动作，往往导致变频器不能稳定运行。对于机床、船舶等事先能预见的振动场合，应考虑变频器的振动问题。

3. 安装方式

在安装变频器时，常见的安装方式及注意事项有：

(1) 为了便于通风，使变频器散热，变频器应该垂直安装，下可倒置或平放安装，如图 7-8 所示；另外，四周要保留一定的空间距离，如图 7-9 所示。

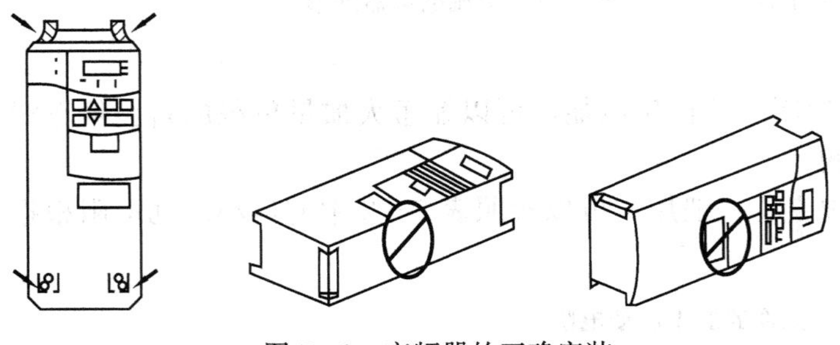

图 7-8 变频器的正确安装

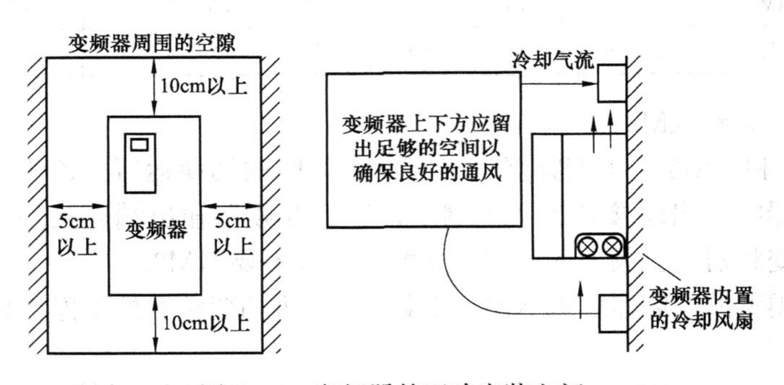

图 7-9 变频器的正确安装空间

(2) 变频器工作时，其散热片附近的温度可高达 90℃，故变频器的安装底板与背面须采用耐温材料。

(3) 变频器安装在柜内时，要注意充分通风与散热，避免超过变频器的最高允许温度，如图 7-10 所示。

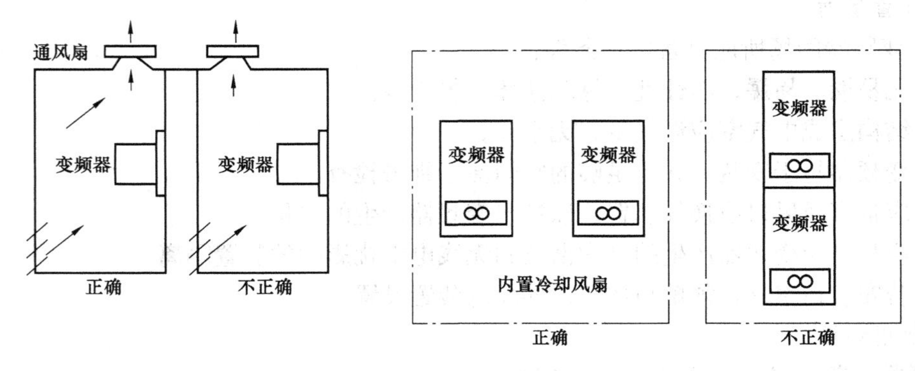

图 7-10 变频器的柜内安装

7.2.2　变频器的布线

1. 主电路的布线

主电路的接线如图 7－11 所示。

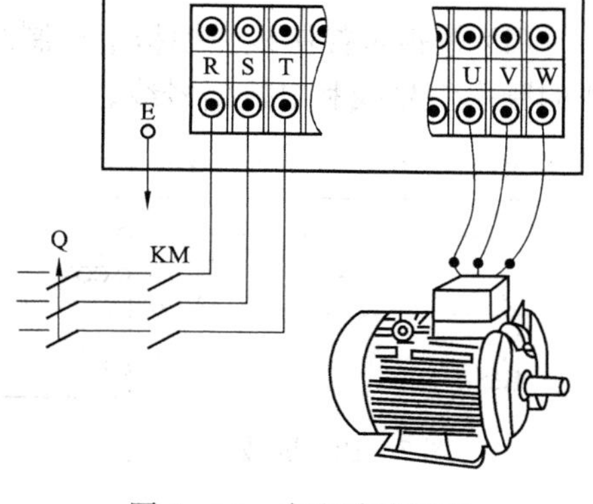

图 7－11　主电路接线图

(1) 电源与变频器之间的导线线径的选择。一般来说，和同容量普通电动机的电线选择方法相同。考虑到其输入侧的功率因数往往较低，应本着宜大不宜小的原则来决定线径。

(2) 变频器与电动机之间的导线线径的选择。频率下降时，电压也要下降，在电流相等的条件下，线路电压降 ΔU 在输出电压中的比例将上升，而电动机得到电压的比例则下降，有可能导致电动机发热。所以，在决定变频器与电动机之间导线的线径时，最关键的因素便是线路电压降 ΔU 的影响，一般要求为

$$\Delta U \leqslant (2 \sim 3)\% U_{MN} f/50$$

ΔU 的计算公式是

$$\Delta U = \sqrt{3} I_{MN} R_0 l/1000$$

式中　I_{MN}——电动机额定电流，A；

U_{MN}——电动机额定电压，V；

f——最高工作频率，Hz；

R_0——单位长度（每米）导线的电阻，mΩ/m；

l——导线的长度，m。

常用电动机引出线的单位长度电阻值见表 7－3。

表 7－3　常用电动机引出线的单位长度电阻值

标称截面积（mm^2）	1.0	1.5	2.5	4.0	6.0	10.0	16.0	25.0	35.0
R_0（mΩ/m）	17.8	11.9	6.92	4.40	2.92	1.73	1.10	0.69	0.49

(3) 实例。某电动机的主要额定数据如下：$P_{MN}=30$kW，$U_{MN}=380$V，$I_{MN}=57.6$A，$n_{MN}=1460$r/min。要求在工作频率为 40Hz 时，线路电压降不超过 2%。选择线径的方法如下。

根据上述公式，允许的电压降为

$$\Delta U \leqslant 0.02 \times 380 \times (40/50) = 6.08(\text{V})$$

求得允许的电阻为 $R_0 \leqslant 1.52$mΩ，由表 7－3 可知，应选截面积为 16mm^2 的导线。

(4) 注意事项。

1) 主电路电源端子 R、S、T，经接触器和空气断路器与电源连接，不需要考虑相序。

2) 变频器的保护功能动作时，继电器的动断触点控制接触器电路，会使接触器断开，从而切断变频器的主电路电源。

3) 不应以主电路的通断来进行变频器的运行、停止操作，而需用控制面板上的运行键（RUN）和停止键（STOP）或用控制电路端子 STF（STR）来操作。

4) 变频器输出端子（U、V、W）最好经热继电器再接至三相电动机上，当旋转方向与设定不一致时，要调换 U、V、W 三相中的任意两相。

5）变频器的输出端子不要连接到电力电容器或浪涌吸收器上。

2. 控制电路的接线

（1）模拟量控制线。模拟量控制线主要包括：输入侧的给定信号线和反馈信号线，输出侧的频率信号线和电流信号线。

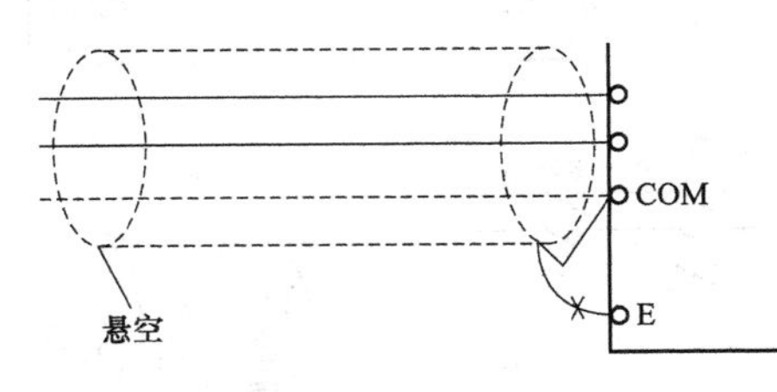

图 7－12　屏蔽线的接法

模拟量信号的抗干扰能力较低，必须使用屏蔽线。屏蔽层靠近变频器的一端，应接控制电路的公共端（COM），不要接到变频器的地端（E），如图 7－12 所示。屏蔽层的另一端应该悬空。布线时还应该遵守以下原则：①尽量远离主电路 100mm 以上；②尽量不和主电路交叉，必须交叉时，应采取垂直交叉的方式。

（2）开关量控制线。如起动、点动、多挡转速控制等的控制线，都是开关量控制线。一般来说，模拟量控制线的接线原则也都适用于开关量控制线。但开关量的抗干扰能力较强，故在距离不远时，允许不使用屏蔽线，但同一信号的两根线必须互相绞在一起。如果操作台离变频器较远，应该先将控制信号转换成能远距离传送的信号，再将能远距离传送的信号转换成变频器所要求的信号。

（3）变频器的接地。从安全及降低噪声的需要出发，为防止漏电和干扰侵入或辐射，变频器必须接地。根据电气设备技术标准规定，接地电阻应小于或等于国家标准规定值，且用较粗的短线接到变频器的专用接地端子 E 上。当变频器和其他设备，或有多台变频器一起接地时，每台设备应分别与地相接，而不允许将一台设备的接地端与另一台设备的接地端相接后再接地，如图 7－13 所示。

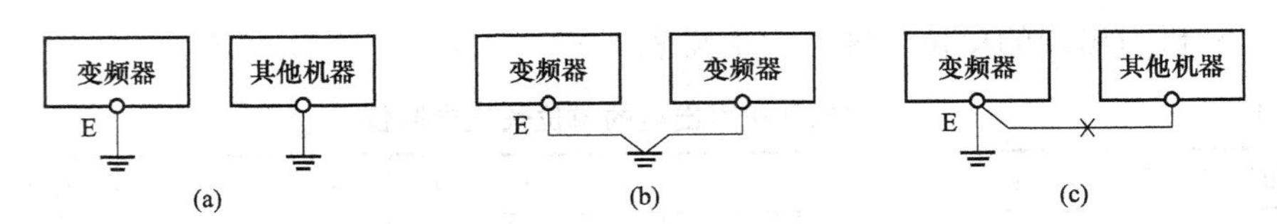

图 7－13　变频器接地方式示意图

（a）专用地线（正确）；（b）共用地线（正确）；（c）共通地线（错误）

（4）大电感线圈的浪涌电压吸收电路。接触器、电磁继电器的线圈及其他各类电磁铁的线圈都具有很大的电感。在接通和断开的瞬间，由于电流的突变，它们会产生很高的感应电动势，因而在电路内部会形成峰值很高浪涌电压，导致内部控制电路的误动作。所以，在所有电感线圈的两端，必须接入浪涌电压吸收电路。在大多数情况下，可采用阻容吸收电路，如图 7－14（a）所示；在直流电路的电感线圈中，也可以只用一只二极管，如图 7－14（b）所示。

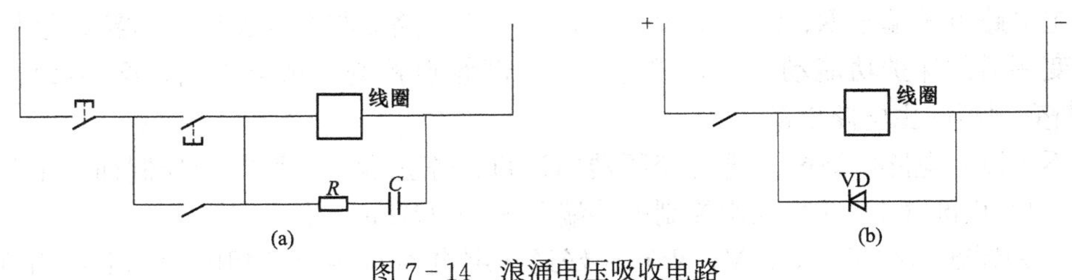

图 7－14　浪涌电压吸收电路

（a）阻容吸收电路；（b）直流吸收电路

3. 通电前的检查

变频器安装、接线完成后，通电前应进行下列检查：

(1) 外观、构造检查。检查变频器的型号是否有误、安装环境有无问题、装置有无脱落或破损、电缆直径和种类是否合适、电气连接有无松动、接线有无错误、接地是否可靠等。

(2) 绝缘电阻检查。测量变频器主电路绝缘电阻时，必须将所有输入端（R、S、T）和输出端（U、V、W）都连接起来后，再用500V绝缘电阻表测量绝缘电阻，其值应在10MΩ以上。而控制电路的绝缘电阻应用万用表的高阻挡测量，不能用绝缘电阻表或其他有高电压的仪表测量。

(3) 电源电压检查。检查主电路电源电压是否在容许电源电压值以内。

7.2.3 变频器的抗干扰

在各种工业控制系统中，随着变频器等电力电子装置的广泛使用，系统的电磁干扰（EMI）日益严重，相应的抗干扰设计技术（即电磁兼容EMC）越来越重要。变频器系统的干扰有时能直接造成系统的硬件损坏，有时虽不能损坏系统的硬件，但常使微处理器的系统程序运行失控，导致控制失灵，从而造成设备和生产事故。因此，如何提高变频器的抗干扰能力和可靠性显得尤为重要。要解决变频器的抗干扰问题，首先要了解干扰的来源、传播方式，然后再针对这些干扰采取措施。

1. 变频器的干扰

变频器的干扰主要包括外界对变频器的干扰以及变频器对外界的干扰两种情况。

(1) 外界对变频器的干扰。

1) 电网三相电压不平衡造成变频器输入电流发生畸变。

2) 电网中存在大量谐波源，如各种整流设备、功率因数补偿电容器、交直流互换设备、电子电压调整设备、非线性负载及照明设备等，这些负荷都使电网中的电压、电流产生波形畸变，从而造成变频器输入电压波形畸变。

(2) 变频器对外界的干扰。变频器的输入和输出电流中，都含有很多高次谐波成分，如图7－15所示。除了含有电源无功损耗的较低次谐波外，还有许多频率很高的谐波成分，它们以各种方式把自己的能量传播出去，引起电源电压波形的畸变，影响其他设备的工作。

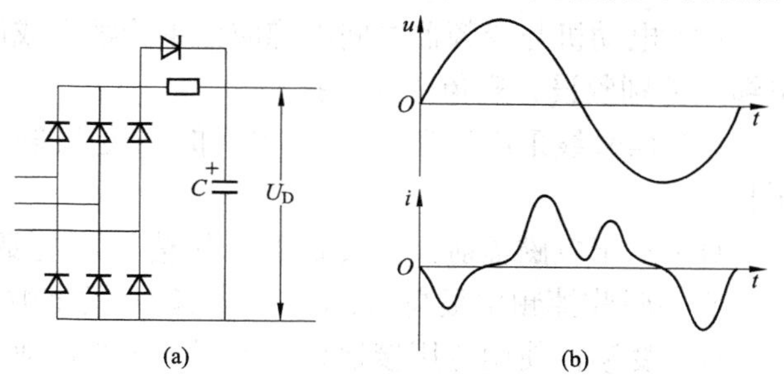

图7－15　变频器的输入电流流形
(a) 变频器整流电路；(b) 输入电流波形

2. 干扰信号的传播方式

变频器能产生功率较大的谐波，其干扰传播方式与一般电磁干扰的传播方式一致，主要有传导（也称电路耦合）、感应耦合和电磁辐射等传播方式，如图7－16所示。

(1) 传导方式。通过电源网络传播。由于输入电流为非正弦波，当变频器的容量较大时，将使网络电压产生畸变，影响其他设备工作，同时输出端产生的传导干扰使直接驱动的电动机铜损、铁损大幅增加，影响了电动机的运转特性。这是变频输入电流干扰信号的主要传播方式。

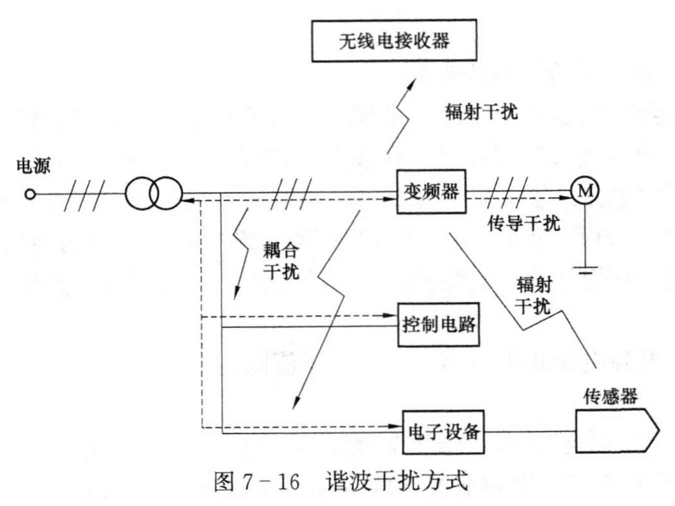

图 7-16 谐波干扰方式

(2) 感应耦合方式。当变频器的输入电路或输出电路与其他设备的电路靠得很近时，变频器的高次谐波信号将通过感应的方式耦合到其他设备中去。感应的方式又有两种：①电磁感应方式，这是电流干扰信号的主要方式；②静电感应方式，这是电压干扰信号的主要方式。

(3) 电磁辐射方式。即以电磁波方式向空中辐射，这是频率很高的谐波分量的主要传播方式。

3. 变频器的抗干扰措施

为防止干扰，可采用硬件抗干扰和软件抗干扰等措施。其中，硬件抗干扰是最基本和最重要的抗干扰措施，一般从抗和防两方面入手来抑制干扰，其原则是抑制和消除干扰源、切断干扰对系统的耦合通道、降低系统干扰信号的敏感性。在工程上具体可采用隔离、滤波、屏蔽、接地等方法。

(1) 变频系统的供电电源与其他设备的供电电源相互独立，或在变频器和其他用电设备的输入侧安装隔离变压器，切断谐波电流。

(2) 在变频器输入侧与输出侧串接合适的电抗器，或安装谐波滤波器，滤波器的组成必须是 LC 型，吸收谐波和增大电源或负载的阻抗，达到抑制谐波的目的。

(3) 电动机与变频器之间电缆应穿钢管敷设或用包装电缆，并与其他弱电信号在不同的电缆沟分别敷设，避免辐射干扰。

(4) 信号线采用屏蔽线，且布线时与变频器主电路控制线错开一定距离，切断辐射干扰。

(5) 对于电磁辐射方式传播的干扰信号，主要通过由高频电容构成的滤波器来吸收削弱，它能吸收掉频率很高的、具有辐射能量的谐波成分。

(6) 变频器使用专用接地线，且用粗短线接地，邻近其他电气设备的地线必须与变频器配线分开，使用短线。

专题 7.3 变频器的保护功能及故障处理

7.3.1 变频器的保护功能及复位方法

变频器本身具有相当丰富的保护功能和异常故障显示功能，保证变频器在工作不正常或发生故障时，及时地做出处理，以确保系统的安全。保护功能动作时，变频器立即跳闸，LED 显示故障代码，使电动机处于自由运转状态到停止。在消除故障原因或控制电路端子后才能复位。

1. 变频器常见的保护功能

(1) 过电流保护。变频器中过电流保护的对象主要指带有突变性质的电流的峰值超过了过电流检测值（约额定电流的 200%）。由于逆变器件的过载能力较差，所以变频器的过电流保护是至关重要的一环。过电流保护动作后显示的故障代码及处理方法见表 7－4。

表 7－4　过电流保护动作后显示的故障代码及处理方法

操作面板显示	E. OC1	E.OC 1	FR－PU04	OC During Acc
名称	加速时过电流断路			
内容	加速运行中，当变频器输出电流超过额定电流的 200%时，保护回路动作，停止变频器输出。 仅给 R1、S1 端子供电，输入起动信号时，也为此显示			
检查要点	是否急加速运转。 输出是否短路。 主回路电源（R、S、T）是否供电			
处理	延长加速时间。 起动时，“E. OC1”总是点亮的情况下，拆下电动机再起动。如果“E. OC1”仍点亮，请与经销商或制造商联系。 主回路电源（R、S、T）供电			
操作面板显示	E. OC2	E.OC 2	FR－PU04	Stedy Spd OC
名称	定速时过电流断路			
内容	定速运行中，当变频器输出电流超过额定电流的 200%时，保护回路动作，停止变频器输出			
检查要点	负荷是否有急速变化。 输出是否短路			
处理	取消负荷的急速变化			
操作面板显示	E. OC3	E.OC 3	FR－PU04	OC During Dec
名称	减速时过电流断路			
内容	减速运行中（加速、定速运行之外），当变频器输出电流超过额定电流的 200%时，保护回路动作，停止变频器输出			
检查要点	是否急减速运转。 输出是否短路。 电动机的机械制动是否过早			
处理	延长减速时间。 检查制动动作			

（2）过电压保护。产生过电压的原因大致可以分为两类：一类是在减速制动的过程中，由于电动机处于再生制动状态，若减速时间太短或制动电阻及制动单元有问题，因再生能量来不及释放，引起变频器主电路直流电压升高而产生过电压；另一类是由于电源系统的浪涌电压引起的过电压。过电压保护动作后显示的故障代码及处理方法见表 7－5。

表 7-5　过电压保护动作后显示的故障代码及处理方法

操作面板显示	E. OV1	E.Ov 1	FR-PU04	OV During Acc
名称	加速时再生过电压断路			
内容	因再生能量，使变频器内部的主回路直流电压超过规定值，保护回路动作，停止变频器输出。电源系统里发生的浪涌电压也可能引起动作			
检查要点	加速度是否太缓慢			
处理	缩短加速时间			
操作面板显示	E. OV2	E.Ov 2	FR-PU04	Stedy Spd OV
名称	定速时再生过电压断路			
内容	因再生能量，使变频器内部的主回路直流电压超过规定值，保护回路动作，停止变频器输出。电源系统里发生的浪涌电压也可能引起动作			
检查要点	负荷是否有急速变化			
处理	取消负荷的急速变化。 必要时，请使用制动单元或电源再生变换器（FR-RC）			
操作面板显示	E. OV3	E.Ov 3	FR-PU04	OV During Dec
名称	减速，停止时再生过电压断路			
内容	因再生能量，使变频器内部的主回路直流电压超过规定值，保护回路动作，停止变频器输出。电源系统里发生的浪涌电压也可能引起动作			
检查要点	是否急减速运转			
处理	延长减速时间（使减速时间符合负荷的转动惯量）。 减少制动频度。 必要时，请使用制动单元或电源再生变换器（FR-RC）			

（3）失速防止保护。在大多数的拖动系统中，由于负载的变动，短时间的过电流是不可避免的。为了避免频繁的跳闸，一般的变频器都设置了失速防止功能。失速防止保护功能动作后显示的故障代码及处理方法见表 7-6。

表 7-6　失速防止保护动作后显示的故障代码及处理方法

操作面板显示	OL		OL	FR-PU04	OL（Stll Prev STP）
名称	失速防止（过电流）				
内容	加速时	如果电动机的电流超过变频器额定输出电流的 150%① 以上时，停止频率的上升，直到过负荷电流减少为止，以防止变频器出现过电流断路。当电流降到 150%以下后，再增加频率			
	恒速运行时	如果电动机的电流超过变频器额定输出电流的 150%① 以上时，降低频率，直到过负荷电流减少为止，以防止变频器出现过电流断路。当电流降到 120%以下后，再回到设定频率			
	减速时	如果电动机的电流超过变频器额定输出电流的 150%① 以上时，停止频率的下降，直到过负荷电流减少为止，以防止变频器出现过电流断路。当电流降到 150%以下后，再下降频率			
检查要点	电动机是否在过负荷状态下使用				
处理	可以改变加减速的时间。 用 Pr. 22 的“失速防止动作水平”，提高失速防止的动作水平；或者用 Pr. 156 的“失速防止动作选择”，不让失速防止动作				

① 可以任意设定失速防止动作电流。出厂时设定为 150%。

（4）过载保护。过载的基本反映是：电动机的运行电流虽然超过了额定值，但超过的幅度不大，一般也未形成较大的冲击电流，电动机能够旋转。通常采用热继电器对电动机进行过载保护。过载保护动作后显示的故障代码及处理方法见表 7－7。

表 7－7　过载保护动作后显示的故障代码及处理方法

操作面板显示	E. THM		FR－PU04	Motor Overload
名称	电动机过负荷断路（电子过电流保护）			
内容	过负荷以及定速运行时，由于冷却能力的低下，造成电动机过热，变频器的内置电子过电流保护检测达到设定值的 85%时，报警（显示 TH），达到规定值时，保护回路动作，停止变频器输出。多极电动机或两台以上电动机运行时，电子过电流保护不能保护电动机，在变频器输出侧安装热继电器			
检查要点	电动机是否在过负荷状态下使用			
处理	减轻负荷。 恒转矩电动机时，把 Pr. 71 设定为恒转矩电动机			
操作面板显示	E. THT		FR－PU04	Inv. Over load
名称	变频器过负荷断路（电子过电流保护）			
内容	如果电流超过额定电流的 150%，而未到过电流切断（200%以下）时，为保护输出晶体管，用反时限特性，使电子过电流保护动作，停止变频器输出。（过负荷承受能力 150%、60s）			
检查要点	电动机是否在过负荷状态下使用			
处理	减轻负荷			

（5）欠电压保护和瞬间停电再起动功能。当电网电压过低时，会引起主电路直流电压下降，从而使变频器的输出电压过低并造成电动机输出转矩不足和过热现象。则欠电压保护动作，使变频器停止输出。当电源出现瞬间停电时，主电路直流电压也将下降，也会出现欠电压现象。为了使系统出现这种情况时，仍能继续工作不停车，变频器提供了瞬间停电再起动功能。欠电压保护和瞬间停电保护动作后显示的故障代码及处理方法见表 7－8。

表 7－8　欠电压保护和瞬间停电保护动作后显示的故障代码及处理方法

操作面板显示	E. UVT		FR－PU04	Under Voltage
名称	欠电压保护			
内容	如果变频器的电源电压下降，控制回路可能不能发挥正常功能，或引起电动机的转矩不足，发热的增加。为此，当电源电压下降到 300V 以下时，停止变频器输出。 如果 P、P1 之间没有短路片，则欠电压保护功能动作			
检查要点	有无大容量的电动机起动。 P、P1 之间是否接有短路片或直流电抗器			
处理	检查电源等电源系统设备。 在 P、P1 之间连接短路片或直流电抗器			

续表

操作面板显示	E. IPF	E. IPF	FR－PU04	Inst. Pwr. Loss
名称	瞬时停电保护			
内容	停电超过15ms（与变频器输入切断一样）时，为防止控制回路误动作，瞬时停电保护功能动作，停止变频器输出。此时，异常报警输出触点为打开（B－C）和闭合（A－C）。 如果停电持续时间超过100ms，报警不输出。如果电源恢复时，起动信号是ON，变频器将再起动。 （如果瞬时停电在15ms以内，变频器仍然运行）			
检查要点	调查瞬时停电发生的原因			
处理	修复瞬时停电。 准备瞬时停电的备用电源。 设定瞬时停电再起动的功能			

（6）过热保护。变频器正常工作时，其主电路的电流很大，为了帮助变频器散热，变频器内部均装有风扇。如果风扇发生故障，散热片就会过热，此时装在散热片上的热敏继电器将动作，使变频器停止工作或输出报警信号。另外，由于逆变模块是变频器内的主要发热元件，因此一般在逆变模块的散热板上也配置了过热保护。过热保护动作后显示的故障代码及处理方法见表7－9。

表7－9 过热保护动作后显示的故障代码及处理方法

操作面板显示	E. FIN	E. FIn	FR－PU04	H/Sink O/Temp
名称	散热片过热			
内容	如果散热片过热，温度传感器动作，使变频器停止输出			
检查要点	周围温度是否过高。 冷却散热片是否堵塞			
处理	周围温度调节到规定范围内			
操作面板显示	E. OHT	E. OHT	FR－PU04	OH Fault
名称	外部热继电器动作			
内容	为防止电动机过热，安装在外部热继电器或电动机内部安装的温度继电器动作（触点打开），使变频器输出停止。即使继电器触点自动复位，变频器不复位就不能重新起动			
检查要点	电动机是否过热。 在Pr. 180～Pr. 186（输入端子功能选择）中任一个，设定值7（OH信号）是否正确设定			
处理	降低负荷和运行频度			

（7）制动电路异常保护。当变频器检测到制动单元出现异常，就会给出报警信号或停止工作。制动电路异常保护动作后显示的故障代码及处理方法见表7－10。

表 7-10　制动电路异常保护动作后显示的故障代码及处理方法

操作面板显示	E. BE	E. bE	FR-PU04	Br. Cct. Fault
名称	制动晶体管异常			
内容	在制动回路发生类似制动晶体管破损时，变频器停止输出，这时，必须立即切断变频器的电源			
检查要点	减少负荷。 制动的使用频率是否合适			
处理	更换变频器			

(8) 变频器内部工作错误保护。由于变频器所处的环境恶劣，使得变频器的 CPU 或 EEPROM 受外界干扰严重而运行异常，或是检测部分发生错误，变频器也将停止工作。变频器内部工作错误保护动作后显示的故障代码及处理方法见表 7-11。

表 7-11　变频器内部工作错误保护动作后显示的故障代码及处理方法

操作面板显示	E. 6	E. 6	FR-PU04	Fault 6
名称	CPU 错误			
内容	如果内置 CPU 周围回路的算术运算在预定时间内没有结束，变频器自检判断异常，变频器停止输出			
检查要点	接口是否太松			
处理	牢固地进行连接。 与经销商或制造商联系			
操作面板显示	E. 7	E. 7	FR-PU04	Fault 7
名称	CPU 错误			
内容	如果内置 CPU 周围回路的算术运算在预定时间内没有结束，变频器自检判断异常，变频器停止输出			
检查要点	—			
处理	牢固地进行连接。 与经销商或制造商联系			

(9) 其他保护功能。其他保护功能包括操作面板用电源输出短路、输出欠相、制动开启错误、风扇故障等，这些保护功能动作后的显示的故障代码及处理方法见表 7-12。

表 7-12　其他保护功能动作后显示的故障代码及处理方法

操作面板显示	E. CTE	E.CTE	FR-PU04	—
名称	操作面板用电源输出短路			
内容	操作面板用电源（PU 接口的 P5S）短路时，电源输出切断。此时，操作面板（参数单元）的使用，从 PU 接口进行 RS-485 通信都变为不可能。复位的话，使用端子 RES 输入或电源切断再投入的方法			
检查要点	PU 接口连接线是否短路			
处理	检查 PU、电缆			

续表

操作面板显示	E. LF	E.LF	FR-PU04	—
名称	输出欠相保护			
内容	当变频器输出侧（负荷侧）三相（U、V、W）中有一相断开时，变频器停止输出			
检查要点	确认接线（电动机是否正常）。 与变频器额定电流相比，电动机的额定电流是否极低			
处理	正确接线。 确认 Pr. 251“输出欠相保护选择”的设定值			
操作面板显示	E. MB1～7	E.Mb1～7	FR-PU04	—
名称	制动开启错误			
内容	在使用制动开启功能（Pr. 278～Pr. 285）的情况下，出现开启错误时，变频器停止输出			
检查要点	调查异常发生的原因			
处理	确认设定参数，正确接线			
操作面板显示	E. FN	Fn	FR-PU04	Fan Failure
名称	风扇故障			
内容	如果变频器内含有一冷却风扇，当冷却风扇由于故障停止或与 Pr. 244“冷却风扇动作选择”的设定不同运行时，操作面板上显示 FN			
检查要点	冷却风扇是否异常			
处理	更换风扇			

2. 变频器的复位方法

通过执行下列操作中的任何一项可复位变频器：①用操作面板，按 STOP/RESET 键；②重新断电一次，再合闸；③接通复位信号 RES。注意复位变频器时，电子过电流保护计算值再试次数被清除。

7.3.2 变频器其他故障的分析及处理方法

变频器常见的故障类型主要有过电流、短路、接地、过电压、欠电压、电源缺相、过热、过载、CPU 异常、通信异常等。变频器具有较完善的自诊断、保护及报警功能，当发生这些故障时，变频器会立即报警或自动停机保护，并显示故障代码或故障类型，大多数情况可以根据其显示的信息迅速找到故障原因并排除故障。这些故障的检查要点处理方法见 7.3.1，除此之外，变频器的一些故障，操作面板并不显示也不报警。

1. 电动机不转

(1) 检查主回路：

1) 检查使用的电源电压。

2) 检查电动机是否正确连接。

3) P1、P 间的导体是否脱落。

(2) 检查输入信号：

1) 检查起动信号是否输入。

2) 检查正转反转起动信号是否输入。

3) 检查频率设定信号是否为零。

4) 当频率设定信号为 4～20mA 时，检查 AU 信号是否接通。

5) 检查输出停止信号（MRS）或复位信号（RES）是否处于断开状态。

6) 当选择瞬时停电后再起动时（Pr. 57＝9999 以外的值时），检查 CS 信号是否处于接通状态。

(3) 检查参数的设定：

1) 检查是否选择了反转限制（Pr. 78）。

2) 检查操作模式选择（Pr. 79）是否正确。

3) 检查起动频率（Pr. 13）是否大于运行频率。

4) 检查各种操作功能（例如三段速度运行运行），尤其是上限频率（Pr. 1）是否为零。

(4) 检查负荷：

1) 检查负荷是否太重。

2) 检查轴是否被锁定。

(5) 其他：

1) 检查报警（ALARM）灯是否亮了。

2) 检查点动频率（Pr. 15）设定值是否低于起动频率（Pr. 13）的值。

2. 电动机旋转方向相反

(1) 检查输出端子 U、V、W 的相序是否正确。

(2) 检查起动信号（正转、反转）连接是否正确。

3. 速度与设定值相差很大

(1) 检查频率设定信号是否正确（测量输入信号的值）。

(2) 检查（Pr. 1、Pr. 2）参数设定是否合适。

(3) 检查输入信号是否受到外部噪声的干扰（使用屏蔽电缆）。

(4) 检查负荷是否过重。

4. 加/减速不平稳

(1) 检查加/减速时间设定是否太短。

(2) 检查负荷是否过重。

(3) 检查转矩提升（Pr. 0）是否设定太大以致失速防止功能动作。

5. 速度不能增加

(1) 检查上限频率（Pr. 1）设置是否正确。

(2) 检查负荷是否过重。

(3) 检查转矩提升（Pr. 0）是否设定太大以致于失速防止功能动作。

(4) 检查制动电阻器的连接是否有错，接到 P－P1 上了。

6. 操作模式不能改变

如果操作模式不能改变，检查以下项目：

(1) 检查外部输入信号。检查 STF 或 STR 信号是否关断（当 STF 或 STR 信号接通时，不能转换操作模式）。

（2）参数设定。检查 Pr.79 的设定。当 Pr.79“操作模式选择”的设定值为“0”（出厂设定值）时，接通输入电源的同时变频器为“外部操作模式”，按一次操作面板上的 PU 键，则切换为“PU 操作模式”。其他设定值（1～5）时，操作模式由各自的内容规定。

7. 电源灯不亮

检查接线和安装是否正确。

8. 参数不能写入

（1）检查是否在运行中（信号 STF、STR 处于接通状态）。

（2）检查是否按下 SET 键持续 1.5s 以上。

（3）检查是否在设定范围外设定参数。

（4）检查是否在外部操作模式时，设定参数。

（5）确认 Pr.77 的“参数禁止选择”。

7.3.3 维护和检查的注意事项

因变频器额定运行时，其直流侧滤波电容储存了大量的电能，因此，当进行检查时，停机后须待电解电容的电压放电降低后，方可开柜进行检查。

1. 日常和定期检查

（1）日常检查主要项目：

1）电动机运行是否异常。

2）安装环境是否异常。

3）冷却系统是否异常。

4）是否有异常振动音。

5）是否出现过热变色。

6）用万用表测量运行中的变频器的输入电压是否正常。

7）检查变频器是否清洁，如不清洁，用柔软布料蘸中性清洁剂轻轻地擦去脏污。

（2）定期检查主要项目：

1）冷却系统：清扫空气过滤器等。

2）螺钉和螺栓：这些部位由于振动、温度的变化等造成松动，检查它们是否可靠拧紧。

3）导体和绝缘物质：检查是否被腐蚀和损坏。

4）用绝缘电阻表测量绝缘电阻。

5）检查和更换冷却风扇、继电器等。

（3）日常和定期检查的方法和使用工具见表 7-13。

表 7-13 日常和定期检查的方法和使用工具

检查位置	检查项目	检查事项	检查周期		发生异常时的处理方法	客户检查
			日常	定期		
一般	周围环境	确认环境温度、湿度、是否有尘埃、有害气体、油雾等	○		改善环境	
	全部装置	检查是否有不正常的振动和噪声	○		确认异常部位，进行紧固	
	电源电压	主回路电压、控制电压是否正常	○		点检电源	

续表

检查位置	检查项目	检查事项	检查周期 日常	检查周期 定期	发生异常时的处理方法	客户检查
主电路	一般	用绝缘电阻表检查主电路端子和接地端子之间； 检查螺钉和螺栓是否松动； 检查各零件是否过热； 是否存在脏污		○ ○ ○ ○	联络厂家 紧固 联络厂家 清扫	
	连接导体电缆	（1）导体是否歪斜。 （2）是否存在电线电缆类外皮的破损、老化（开裂、变色等）现象吗		○ ○	联络厂家 联络厂家	
	变压器，电抗器	是否有异臭，嗡鸣音是否异常增加	○		停止装置运行并联络厂家	
	端子排	是否损伤		○	停止装置运行并联络厂家	
	平滑用铝电解电容器	（1）是否存在漏液现象。 （2）脐部（安全阀）是否突起，是否有膨胀。 （3）目测和根据主电路电容的寿命诊断进行判断		○ ○ ○	联络厂家 联络厂家	
	继电器、接触器	动作是否正常，是否出现异声		○	联络厂家	
	电阻器	（1）电阻器绝缘物是否存在开裂。 （2）是否有断线现象		○ ○	联络厂家 联络厂家	
控制电路保护电路	动作检查	（1）变频器单机运行时，各相间的输出电压是否平衡。 （2）顺控程序保护动作试验时，保护、显示回路是否存在异常		○ ○	联络厂家 联络厂家	
	部件检查：全体	（1）是否有异臭，变色。 （2）是否存在明显的生锈		○ ○	停止装置运行并联络厂家 联络厂家	
	部件检查：铝电解电容器	（1）电容器是否存在漏液，变形的痕迹。 （2）通过目测或控制回路电容器寿命诊断方法来进行判断		○ ○	联络厂家	
冷却系统	冷却风扇	（1）是否有异常振动和噪声。 （2）连接部件是否有松动。 （3）是否存在脏污	○	 ○ ○	更换风扇 紧固 清扫	
	冷却风扇	（1）是否存在堵塞。 （2）是否存在脏污		○ ○	清扫 清扫	
	空气过滤器等	（1）是否存在堵塞。 （2）是否存在脏污	○	 ○	清洁又更换 清洁又更换	
显示	显示	（1）可以正确显示吗。 （2）是否存在脏污	○	 ○	联络厂家 清扫	
	仪表	检查读出值是否正常	○		停止装置运行并联络厂家	
负荷电动机	动作检查	振动及运行声音是否存在异常增加	○		停止装置运行并联络厂家	

2. 定期需要更换的变频器零件

变频器的一些零件，由于其组成物理特性的原因在一定的时期内会产生老化，因而会降低变频器的性能，甚至会引起故障，因此，必须要定期进行更换。需要更换的零件见表 7 - 14。

表 7 - 14 变频器更换的零件

零件名称	标准更换周期	说明
冷却风扇	10 年	更换（检查后决定）
主回路平波电容	10 年	更换（检查后决定）
控制回路平波电容	10 年	更换底板（检查后决定）
熔丝（160K 以上）	10 年	检查后决定
继电器	—	检查后决定

(1) 冷却风扇的拆卸（见图 7 - 17）：

1) 向上推拉手并卸下风扇盖。

2) 拆下风扇连线。

3) 卸下风扇。

(2) 安装：

1) 确认风扇旋转方向，安装风扇时使“AIR FLOW”左侧的箭头朝上，如图 7 - 18 所示。

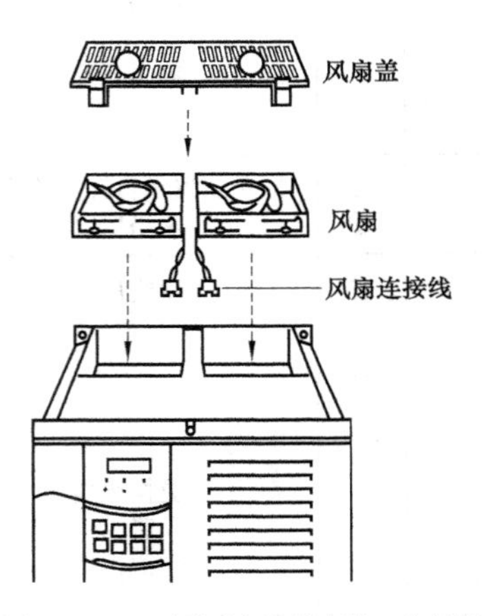

图 7 - 17 冷却风扇的拆卸示意图

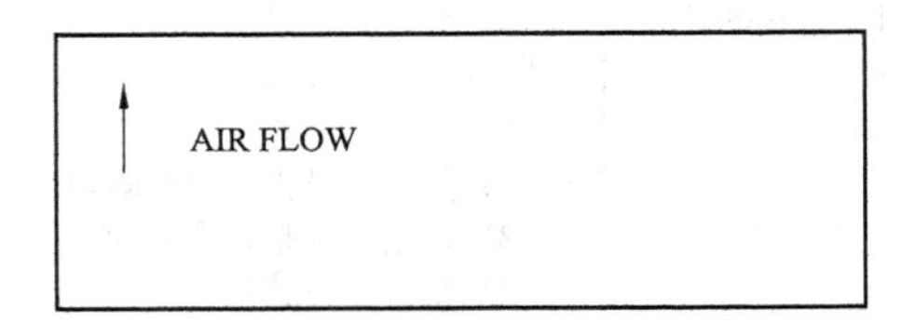

图 7 - 18 风扇侧面

2) 连接上风扇连接线。

3) 重新安装风扇盖。

(3) 平波电容的检查：

1) 外壳的侧面、底面是否膨胀。

2) 封口板是否有显眼的弯曲和极端的裂痕。

3) 外观是否变色和漏出液体。

4) 电容的容量是否已经下降到 85%额定容量以下。

(4) 继电器的检查：因为会发生接触不良，所以达到规定的开关次数时就需要更换。

思考与练习

7－1　常见的负载有哪几种类型？
7－2　简述变频器类型、容量的选择方法。
7－3　电抗器的作用是什么？
7－4　滤波器的作用是什么？
7－5　变频器长期运行时所需的环境条件是什么？
7－6　变频器接线时应注意什么事项？
7－7　简述变频器的抗干扰措施。
7－8　变频器常见的保护功能有哪些？
7－9　简述变频器保护功能动作以外的常见故障现象检查方法。
7－10　简述变频器的日常维护项目。
7－11　简述变频器的定期维护项目。
7－12　简述变频器定期更换的零件。

模块八　变频器在工业上的应用

本模块结合工业上的应用实例，介绍变频器如何实现变频调速。

知识目标

了解变频器在风机、恒压供水、机床改造和空调控制系统中的应用；掌握在风机、恒压供水、机床改造和空调控制系统中变频器的选择、控制电路设计和调试方法。

技能目标

掌握变频调速系统的设计步骤；掌握变频器在工程应用中的选型方法；能根据控制需求设计控制电路，设置变频器控制参数；能对变频器控制系统进行调试和故障判断。

项目 8.1　变频器在风机上的应用

在工矿企业中，风机设备应用广泛，如锅炉燃烧系统、通风系统和烘干系统等，其消耗的电能所占比例是所有机械中最大的，达到 20%～30%。传统的风机控制是全速运转，即不论生产工艺的需求大小，风机都按固定的转速运行，提供固定数值的风量，然而生产工艺往往需要对炉膛压力、风速、风量及温度等指标进行控制和调节。目前，许多单位仍然采用调节挡风板或阀门开启度的方式来调节气体或液体的流量、压力、温度等，这实际上是通过人为增加阻力的方式，并以浪费电能和金钱为代价来满足工艺和工况对气体、液体流量调节的要求。统计资料显示，在工业生产中，风机的风门、挡板相关设备的节流损失以及维护、维修费用占到生产成本的 7%～25%。这种调节方式不仅浪费了能源，而且调节精度差，很难满足现代化工业生产及服务等方面的要求。

风机设备可以利用变频器调速技术，以调节电动机转速的方式取代调节挡板和阀门，可以达到节能的目的，节能效果十分显著，达到 20%以上。

8.1.1　风机变频调速的原理

风机的机械特性具有二次方律特征，即转矩与转速的二次方成正比。在低速时由于流体的流速低，所以负载的转矩很小，随着电动机转速的增加，流速加快，负载转矩和功率越来越大。根据风机二次方律特征，其转速和负载机械功率之间的关系可用下式表达

$$P_L = P_0 + K_P n_L^3 \tag{8-1}$$

式中　P_L——风机轴上的功率；

n_L——风机转速；

K_P——二次方律功率常数。

由式（8-1）可知消耗的功率与风机的转速成三次方比例，因此，当风机所需风量减小时，可以使用变频器降低风机转速的方法取代调节风门、挡板的方案，所消耗的功率要小得多，从而降低电动机功率损耗，达到节能的目的。下面通过实例从经济角度来说明应用变频

器控制方案的节能效果。

一台工业锅炉使用的22kW送风机，一天连续运行24h，其中12h运行在90%负荷（频率按45Hz计算，挡板调节时功率损耗按98%计算），12h运行在50%负荷（按20Hz计算，挡板调节时功率损耗按70%计算），全年运行时间按320天计算，工业电价按0.685元/kWh计算。

应用挡板调节开度时每年消耗电量为

$$W_{d1}=22\times12\times(1-98\%)\times320=1689.6(\text{kWh})$$

$$W_{d2}=22\times12\times(1-70\%)\times320=25344(\text{kWh})$$

$$W_{d}=W_{d1}+W_{d2}=1689.6+25344=27033.6(\text{kWh})$$

应用变频调速控制时每年耗电量为

$$W_{b1}=22\times12\times[1-(46/50)^3]\times320=18696.4(\text{kWh})$$

$$W_{b2}=22\times12\times[1-(20/50)^3]\times320=79073.3(\text{kWh})$$

$$W_{b}=W_{b1}+W_{b2}=18696.4+79073.3=97769.7(\text{kWh})$$

相比较节电量为

$$\Delta W=W_{b}-W_{d}=97769.7-27033.6=70736.1(\text{kWh})$$

按0.685元/kWh的工业电价计算，则采用变频调速控制每年可节约电费约为48454元。

8.1.2　风机变频调速系统设计

1. 风机容量选择

风机容量选择的主要依据是被控对象对流量或压力的需求，可查阅相关的设计手册。如果是对现有的风机进行变频调速技术升级改造，风机容量就是现成的，选择与原系统相同的风机容量即可。

2. 变频器容量选择

变频器容量的选择一般根据用户风机功率通过计算来选择，变频器额定输出电流大于或等于1.1倍风机额定电流。

由于风机在某一转速下运行时，其阻转矩一般不会发生变化，只要转速不超过额定值，电动机就不会过载，而变频器在出厂标注的额定容量都具有一定裕量的安全系数，所以变频器额定电流只需按上述关系选择即可。若需要考虑更大的裕量，也可以选择比风机电动机容量高一个级别的变频器，但价格就会高很多。

3. 变频器运行方式选择

风机采用变频调速控制后，操作人员可通过调节安装在工作台上的按钮、电位器或人机界面等调节风机的转速，操作十分简便。

风机属于二次方律负载，低速时，阻转矩很小，不存在低频时无法带动负载的问题，所以采用U/f控制方式已经足够了。并且从节能的角度考虑，U/f线（见图8-1）可选最低的。目前，多数厂家都生产了较廉价的风机泵类专用变频器，供用户选用。

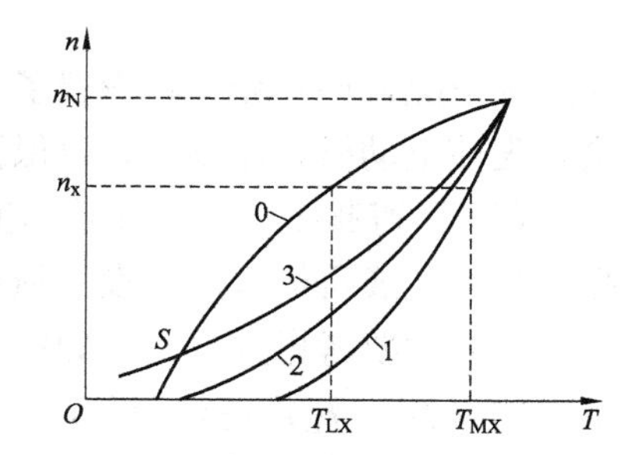

图8-1　风机的机械特性和有效转矩曲线

0—风机二次方律机械特性曲线；1—电动机在U/f控制方式下转矩补偿为0时的有效负载线；2、3—变频器设置的递减U/f线如图 8－1 所示，当转速为 n_x 时，对应曲线 0 的负载转矩为 T_{LX}，对应曲线 1 的负载转矩为 T_{MX}。因此在低频运行时，电动机的转矩与负载转矩相比具有较大的裕量，为了节能，变频器设置了若干低减 U/f 线（图中曲线 2 和 3）。

对于曲线 3，在 S 点以下电动机转矩小于负载转矩，会出现电动机无法起动的现象。因此在选择低减 U/f 曲线时，若出现这种情况，可采取以下措施：选择另一条低减曲线，如曲线 2；适当加大起动频率。

4. 变频器的参数预置

(1) 上限频率。因为风机的机械特性具有二次方律特性，所以，一旦转速超过额定转速，阻转矩将增大很多，容易使电动机和变频器处于过载状态，因此上限频率 f_H 不应超过额定频率 f_N，即

$$f_H \leqslant f_N$$

(2) 下限频率。从特性和工作状况来说，风机对下限频率 f_L 并没有要求，但转速太低时，风量太小，在多数情况下并没有太大的实际意义，一般预置为 $f_L \geqslant 20$Hz。当然，也可根据实际应用情况进行调整。

(3) 加、减速时间。由于风机的惯性很大，加速时间过短，容易引起过电流；减速时间过短，容易引起过压。而一般工业应用中，风机起动和停止的次数很少，起动和停止时间长短对生产并无太大影响。因此，加、减速时间应预置得长一些，具体时间可根据风机容量大小来确定。通常风机容量越大，加、减速时间越长。

(4) 加、减速方式。风机在低速时阻转矩很小，随着转速的增高，阻转矩增大得很快；在停机开始时，由于惯性较大，转速下降较慢，阻转矩下降更慢。因此，加、减速方式一般预置为半 S 方式比较适宜，如图 8－2 所示。

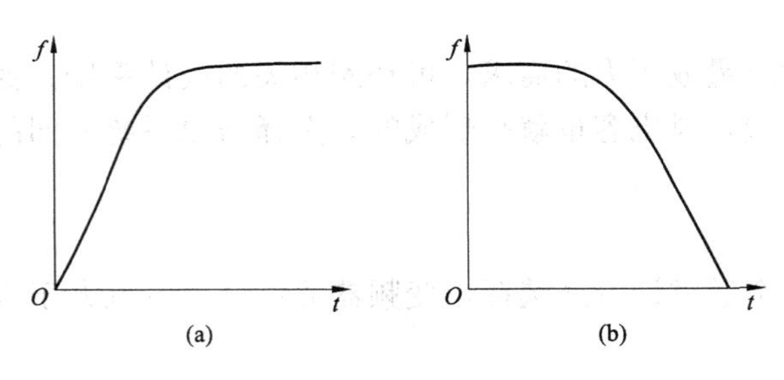

图 8－2 风机的加、减速方式
(a) 加速方式；(b) 减速方式

(5) 起动前的直流制动。风机在停机状态下，风叶经常因为自然风而处于反转状态，若这时起动风机，则电动机处于反接制动状态，会产生很大的冲击电流。针对这种情况，许多变频器设置了“起动前的直流制动”功能。该功能启用后，电动机起动前会首先使电动机直流制动，以保证电动机能在零速状态下起动。

(6) 回避频率。风机在较高速运行时，由于阻转矩较大，容易在某一转速下发生机械谐振，从而造成机械事故或设备损坏。遇到机械谐振时，首先应注意紧固所有的螺钉及其他紧固件，其次要考虑预置回避频率。一般采用试验的方法进行预置，及反复缓慢在设定的频率范围内（$f_H \sim f_L$）进行调节，观察产生谐振的频率范围，然后进行回避频率设置。

5. 风机变频调速系统的控制电路

多数情况下，风机只需要进行简单的正转控制，所以控制线路比较简单。但许多场合下风机是不允许停机的，所以必须考虑当变频器发生故障时，应具备风机由变频运行切换到工频允许的控制。如图 8－3 所示为风机变频调速系统的电气原理图。

(1) 主电路。如图 8－3（a）所示，三相工频电源（380V、50Hz）通过空气断路器 QF

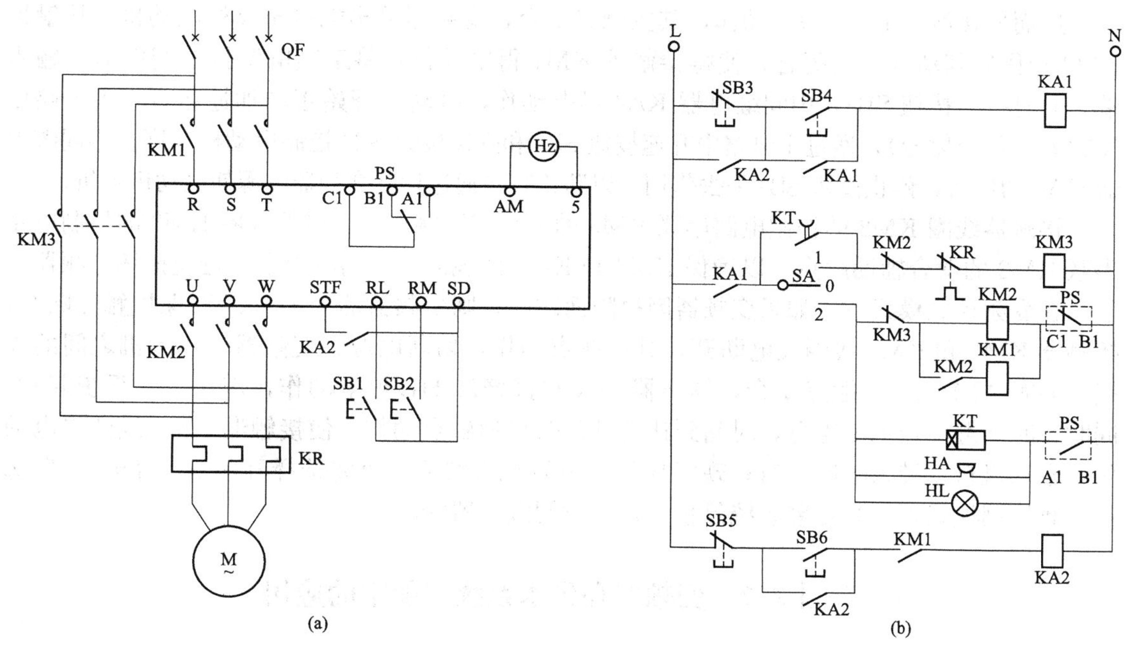

图 8-3　风机变频调速系统的电气原理图

(a) 主电路；(b) 控制电路

接入，接触器 KM1 用于将电源接至变频器的输入端 R（L1）、S（L2）、T（L3）；接触器 KM2 用于将变频器的输出端 U、V、W 接至风机电动机；接触器 KM3 用于将工频电源直接接至风机电动机；热继电器 KR 作为风机电动机的过载保护。

在 QF 接通的前提下，当仅 KM1、KM2 同时闭合时，风机电动机处于变频调速控制模式；当仅 KM3 闭合时，风机电动机处于工频控制模式。

需要注意的是，接触器 KM2 和 KM3 绝对不能同时接通，否则会造成工频电源直接接入变频器的输出端而损坏变频器，所以 KM2 和 KM3 之间必须有可靠的互锁。

空气断路器 QF 和接触器 KM 选择时一般满足下列关系即可

$$I_{QN}=(1.3\sim1.4)I_N$$

$$I_{KN}\geqslant I_N$$

式中　I_{QN}——断路器额定工作电流；

I_{KN}——接触器额定工作电流；

I_N——风机电动机额定工作电流。

（2）控制电路。如图 8-3（b）所示，为便于将风机控制在变频模式和工频模式下运行，控制电路采用三位开关 SA 进行选择。SA-0 为初始状态，SA-1 为工频控制模式，SA-2 为变频控制模式。

当 SA 合至“1”选择工频控制模式时，按下起动按钮 SB4，中间继电器 KA1 得电并自锁，进而使接触器 KM3 得电动作，其主触点闭合，三相工频电源直接接至风机电动机，电动机进入工频运行状态。按下停止按钮 SB3，中间继电器 KA1 失电，接触点 KM3 也失电断开，风机电动机停止运行。

当 SA 合至“2”选择变频控制模式时，按下起动按钮 SB4，中间继电器 KA1 得电并自锁，进而使接触器 KM2 得电动作，其主触点闭合，变频器输出端接至风机电动机。接触器 KM2 动作后其动合触点闭合，使得接触器 KM1 得电动作，将工频电源接至变频器的输入端。此时按下按钮 SB6，中间继电器 KA2 得电动作，电动机开始正转加速运行（主电路中 KA2 动合触点闭合），通过主电路中升速按钮 SB1 和降速按钮 SB2 控制电动机速度。中间继电器 KA2 动作后，停止按钮 SB3 失去作用，以防止直接通过切断变频器电源使电动机停机。

接触器线圈 KM2 的控制电路串联 KM3 的动合辅助触点，接触器线圈 KM3 的控制电路串联 KM2 的动合辅助触点，以确保 KM2 和 KM3 的线圈不会同时得电，避免损坏变频器。

在变频控制模式下，如果变频器因故障而跳闸，则变频器的“B1－C1”保护触点断开，接触器 KM1 和 KM2 线圈失电断开，其主触点动作，切断电源、变频器、电动机之间的连接。同时“B1－A1”触点闭合，扬声器 HA 和报警灯 HL 得电动作，声光报警系统起动。同时，时间继电器 KT 得电，时间到达后其延时接通触点动作，使接触器 KM3 线圈得电动作，电动机自动转入工频运行；现场操作人员发现报警后，可将选择开关 SA 合至“1”选择工频控制模式，声光报警系统停止工作，时间继电器断电。

项目 8.2　变频器在供水系统节能中的应用

我国城市自来水管网的水压一般规定保证 6 层以下楼房的用水，其余上部各层均须提升水压才能满足用水要求。传统的方法是采用水塔、高位水箱或气压罐式增压设备，设备一次投资费用高，并且必须由水泵高于实际用水高度的压力来提升水量，结果往往增大了水泵的轴功率和能量损耗。在使用这些传统的供水方式时，还容易造成水的二次污染。使用传统的供水方式，用户用水的多少是经常变动的，因此供水不足或供水过剩的情况时有发生。而用水和供水的平衡集中反映在供水的压力上，即用水多但同时供水少则压力低，用水少而供水多则压力大。

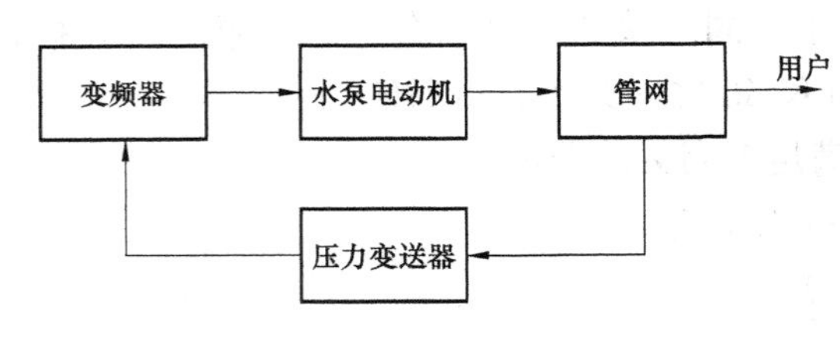

图 8－4　恒压供水控制系统基本结构框图

恒压供水控制系统的电气控制解决方案是：利用变频器对水泵电动机进行变频调节，组成恒压供水闭环控制系统，将设定给水压力值与泵站总管的实际出水压力值进行比较，通过改变水泵电动机的转速和控制水泵电动机的投运台数，进而控制泵站总管的出水压力。如图 8－4 所示为恒压供水控制系统基本结构框图。

8.2.1　恒压供水的控制目的

保持供水压力的恒定，可使供水与用水之间保持平衡，即用水多时用水也多，用水少时用水也少，从而提高了供水的质量。恒压供水是指在供水网中用水量发生变化时，出口压力保持不变的供水方式。供水网系出口压力值是根据用户需求确定的，所以恒压变频供水可以节约资源，提高供水质量。

对供水系统的控制，归根结底是为了满足用户对流量的要求。流量是供水系统的基本控制对象。但流量的测量比较复杂，考虑到动态情况下管道中水压 p 的大小与供水能力（即供水流量 Q_g）和用水需求（即用水量 Q_u）之间的平衡情况有关：当供水能力 Q_g 大于用水

能力需求 Q_u 时，则管道中水压上升（$p\uparrow$）；当供水能力 Q_g 小于用水能力需求 Q_u 时，则管道中水压下降（$p\downarrow$）；当供水能力 Q_g 等于用水能力需求 Q_u 时，则管道中水压不变（p 为常数）。

需要注意的是，在实际供水管道中，流量是具有连续性的，不存在供水流量和用水量之间的差别。这里的 Q_g 和 Q_u 是为说明当供水不足或供水过剩时，导致管道内压力 p 发生变化而假设的量。

总之，供水能力与需求能力之间的矛盾具体反映在管道中水压的变化上。因此，压力就成为控制流量大小的参变量。保持供水系统中某处压力恒定，就可以保证该处供水能力与用水能力的平衡，恰当地满足了用户所需要的用水量，这就是恒压供水所要到达的目的。

从流体力学原理可知，水泵供水流量与电动机转速及功率的关系如下

$$\frac{Q_1}{Q_2}=\frac{n_1}{n_2}$$

$$\frac{H_1}{H_2}=\left(\frac{n_1}{n_2}\right)^2$$

$$\frac{P_1}{P_2}=\left(\frac{n_1}{n_2}\right)^3$$

式中 Q——供水流量；

H——扬程；

P——电动机功率；

n——电动机转速。

下面通过实例从经济角度比较应用变频器控制前后水泵供水的节能效益。

某供水系统应用 3 台 11kW 的水泵电动机，假设每天运行 20h。应用变频器前 20h 全部以额定转速运行；应用变频器后，其中仅在用水高峰的 6h 为额定转速，其余 14h 为 70%额定转速运行，且全年运行 365 天。

应用变频器前、后每台水泵电动机节约的电能为

$$\Delta W=11\times12\times[1-(70/100)^3]\times365=31654.26(\text{kWh})$$

若按 0.685 元/kWh 的电价计算，一年可节约电费为

$$31654.26\times0.685=21683.2(\text{元})$$

可见，对传统供水系统进行改造，按现在的市场价格，不到一年即可收回投资，运行多年经济效益将十分可观。

传统供水系统采用变频器后，彻底取消了高位水箱、水池、水塔和气压罐供水等传统的供水设备，避免了水质的二次污染，提高了供水质量，并且具有节省能源、操作方便、自动化程度高等优点；而且，供水调峰能力明显提高；同时大大减少了开泵、切换和停泵次数，减少了对设备的冲击，延长了使用寿命。与其他供水系统相比，节能效果达 20%～40%。变频器供水系统可根据用户需要任意设定供水压力及供水时间，无需专人值守，且具有故障自动诊断报警功能。由于无需高位水箱、压力罐，节约了大量钢材及其他建筑材料，大大降低了投资。变频器供水系统既可用于生产、生活用水，也可用于热水供应、恒压喷淋等系统。

8.2.2 变频调速恒压供水系统原理

水泵与风机类似，其机械特性具有二次方律特征，当转速超过额定转速时，水泵的阻转

矩将超过额定转矩很多，使拖动系统严重过载，对电动机和水泵非常不利，所以水泵禁止在额定转速以上运行。由于供水系统对供水量精度和动态响应的要求不是很高，所以变频器采用U/f控制方式已经足够。一般根据供水压力的反馈信号构成恒压供水的PID闭环调节系统，以使系统稳定运行。

1. 变频调速恒压供水系统的组成框图

变频调速恒压供水系统的组成框图如图8-5所示。

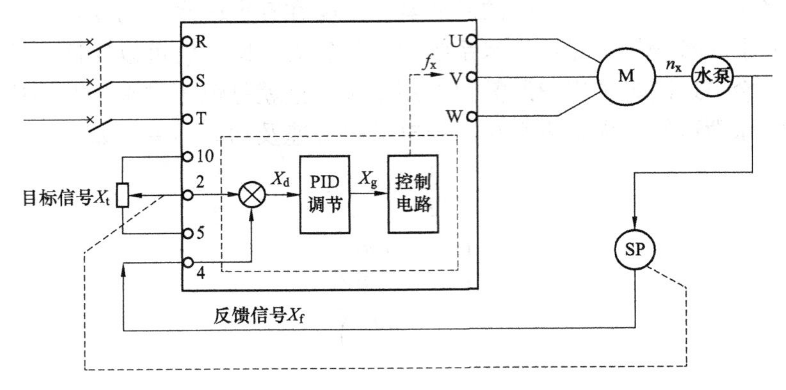

图8-5 变频调速恒压供水系统的组成框图

系统由变频器、电动机、水泵、压力传感器组成。变频器内集成PID调节功能，变频器有两个控制信号，即目标信号X_t和反馈信号X_f。

(1) 目标信号X_t。目标信号X_t为变频器2端上得到的信号，该信号是一个与压力控制目标相对应的值，通常用百分数标示，目标信号也可通过变频器控制面板直接给定，而不必通过外接电路给定。

(2) 反馈信号X_f。反馈信号X_f为变频器4端上得到的信号，是压力传感器SP反馈回来的信号，该信号是一个反映实际压力的电压（通常为0～10V）或电流信号（通常为4～20mA）。

为保证供水流量需求，管网通常采用多台水泵联合供水。为节约设备投资，往往只用一台变频器控制多台水泵协调工作。因此现在的供水专用变频器几乎都是将普通变频器与PID调节器以及PLC集成在一起，组成供水管控一体化系统，只需加一只压力传感器，即可方便地组成供水闭环控制系统。传感器反馈的压力信号直接送入变频器自带的PID调节器输入口，而压力设定既可使用变频器控制面板设定，也可采用一只电位器以模拟量的形式送入。既可每日设定多段压力运行，以适应供水压力的需要，也可设定指定日供水压力。面板可以直接显示压力反馈值。

(3) 压力传感器SP。压力传感器输出信号是随压力而变化的电压或电流信号。当距离较远时，应取电流信号以消除因线路压降而引起的误差。通常选择4～20mA，以便区别零信号和无信号。因水泵出水口附件受多重因素的影响，水压变化较为频繁，为避免引起系统振荡，压力传感器一般选取在离水泵出水口较远的地方。

2. 变频调速恒压供水系统的工作过程

如图8-5中的虚线框所示，变频器内一般都具有PID控制功能。图中目标信号X_t和反馈信号X_f两者是相减的，其合成信号X_d（$X_d=X_t-X_f$）经过PID调节处理后得到频率给定信号，决定变频器的输出频率 f_x。

（1）当用水需求量减少时，即供水能力 Q_g 大于用水能力需求 Q_u，管道中水压上升（$p\uparrow$）。反馈信号 X_f 增大→合成信号 X_d（$X_d=X_t-X_f$）减小→变频器的输出频率 f_x 降低→电动机转速 n_x 下降→供水能力 Q_g 下降→直到供水压力大小回复到目标值，供水能力 Q_g 等于用水能力需求 Q_u 为止。

（2）当用水需求量增大时，即供水能力 Q_g 小于用水能力需求 Q_u，管道中水压下降（$p\downarrow$）。反馈信号 X_f 减小→合成信号 X_d（$X_d=X_t-X_f$）增大→变频器的输出频率 f_x 增加→电动机转速 n_x 上升→供水能力 Q_g 增加→直到供水压力大小回复到目标值，供水能力 Q_g 等于用水能力需求 Q_u 为止。

8.2.3　变频调速恒压供水系统设计

1. 设备选择原则

设计供水控制系统时，应首先选择水泵和电动机，选择依据是供水规模（即供水流量），而供水规模与住宅类型以及用户数有关。

（1）不同住宅类型的用水标准。根据《城市居民生活用水量标准》（GB/T 50331—2002），不同住宅类型的用水标准，见表 8－1。

表 8－1　不同住宅类型的用水标准

住宅类型	给水卫生器具完善程度	用水标准 [m³/(人・日)]	小时变化系数
1	仅有给水龙头	0.04～0.08	2.5～2.0
2	有给水卫生器具，但无淋浴设备	0.085～0.13	2.5～2.0
3	有给水卫生器具，并有淋浴设备	0.13～0.19	2.5～1.8
4	有给水卫生器具，但无淋浴设备和集中热水供应	0.17～0.25	2.0～1.6

（2）供水规模换算表。根据《城市居民生活用水量标准》（GB/T 50331—2002），供水规模换算见表 8－2。

表 8－2　供水规模换算表

户数	用水标准 [m³/（人・日）]			
	0.10	0.15	0.20	0.25
20	1.80	2.60	3.50	4.40
30	2.60	3.90	5.30	6.60
40	3.50	5.30	7.00	8.80
55	4.80	7.20	9.60	12.00
75	6.60	9.80	13.10	16.40
100	8.80	13.10	17.50	21.90
150	13.10	19.70	26.30	32.80
200	17.60	26.30	35.00	43.80
250	21.90	32.80	43.80	54.70
350	26.30	39.40	52.50	65.60

续表

户数	用水标准 [m³/（人·日）]			
	0.10	0.15	0.20	0.25
400	35.00	52.50	70.00	87.50
450	39.40	59.00	78.70	98.40
500	43.80	65.60	87.50	109.40
600	52.50	78.80	105.00	131.30
700	61.30	91.90	122.50	153.10
800	70.00	105.00	140.00	175.00
1000	87.50	131.30	175.00	218.80

（3）根据供水量和高度确定水泵型号和台数，选择相应电动机，见表 8-3。

表 8-3 水泵、电动机和变频器选型

用水量 (m^3/h)	扬程 (m)	水泵型号	电动机功率 (kW)	配用变频器 (kW)
$12\times N$	24	50DL12-12×2	3	2.7
	30	40LG12-15×2	2.2	2.2
	36	50DL12-12×3	3	3
	45	40LG12-15×3	3	3
	60	40LG12-15×4	4	4
$24\times N$	40	50LG24-20×2	5.5	5.5
	60	50LG24-20×3	7.5	7.5
	80	50LG24-20×4	11	11
	100	50LG24-20×5	11	11
$32\times N$	30	65DL32-15	5.5	5.5
	45	65DL32-15×3	7.5	7.5
	60	65DL32-15×4	11	11
	75	65DL32-15×5	15	15
	90	65DL32-15×6	15	15
	105	65DL32-15×7	18.5	18.5
$36\times N$	40	65LG36-20×2	7.5	7.5
	60	65LG36-20×3	11	11
	80	65LG36-20×4	15	15
	100	65LG36-20×5	18.5	18.5
	120	65LG36-20×6	22	22
$50\times N$	40	80LG50-20×2	11	11
	60	80LG50-20×3	15	15
	80	80LG50-20×4	18.5	18.5
	100	80LG50-20×5	22	22
	120	80LG50-20×6	30	30

续表

用水量(m^3/h)	扬程(m)	水泵型号	电动机功率(kW)	配用变频器(kW)
100×N	40	100DL2	18.5	18.5
	60	100DL3	30	30
	80	100DL4	37	37
	100	100DL5	45	45
	120	100DL6	55	55

注　N为水泵台数。

(4) 设定供水压力经验数据：平房供水压力 $P=0.12$MPa；楼房供水压力 $P=$(0.08MPa+0.04MPa×楼层数)。

(5) 系统设计还应遵循以下的原则：

1) 蓄水池容量应大于每小时最大供水量；

2) 水泵扬程应大于实际供水高度；

3) 水泵流量总和应大于实际最大供水量。

2. 变频调速恒压供水系统设计实例

某居民小区共有10栋楼，均为7层建筑，总居住560户，住宅类型为表8-1中的3型(有给水卫生器具，并有淋浴设备)，试设计恒压供水变频调速系统。

(1) 设备选型。

1) 根据表8-1，确定该小区用水量为0.19m^3/(人·日)。

2) 根据表8-2，确定每小时最大用水量为105m^3/h。

3) 根据7层楼高度可确定设置供水压力值为0.36MPa。

4) 根据表8-3，确定水泵型号为65LG36-20×2共3台，水泵自带电动机功率为7.5kW。

5) 根据恒压供水特性，变频器可选择U/f控制方式的三菱FR-D740-7.5K变频器，该变频器内置PID调节器，容量为7.5kW。

(2) 系统电路设计。如图8-6所示为应用三菱FR-D740-7.5K变频器设计的无人值守变频调速恒压供水系统电路原理图。

主电路采用变频与工频、手动与自动双重运行模式，各泵可独立运行、检修。两台水泵中，一台变频运行，当用水量增加，变频调速达到上限值时，工频备用泵M1自动起动，变频泵M2继续以较低频率运行，以满足用水量的需要。主电路部分中，QF1、QF2、QF3为低压断路器，KM1为接触器，KR1为热继电器。

控制电路和控制功能说明如下：

1) 通过控制电路实现变频、工频、一用一备自动和手动转换控制运行，通过内置的频率信号变化范围，设定开关量输出，控制主泵电动机和备用泵电动机之间的相互切换。

2) 压力的目标值给定通过电位器RP1实现，水泵的压力范围为0～1MPa，实际压力为0.36MPa，因此压力的目标值为36%。压力传感器SP的输出电流范围为4～20mA。

3) 利用变频器内置的PID调节器，比较给定压力信号和反馈信号的大小，输出相应的电压信号，自动控制水泵进行调速。

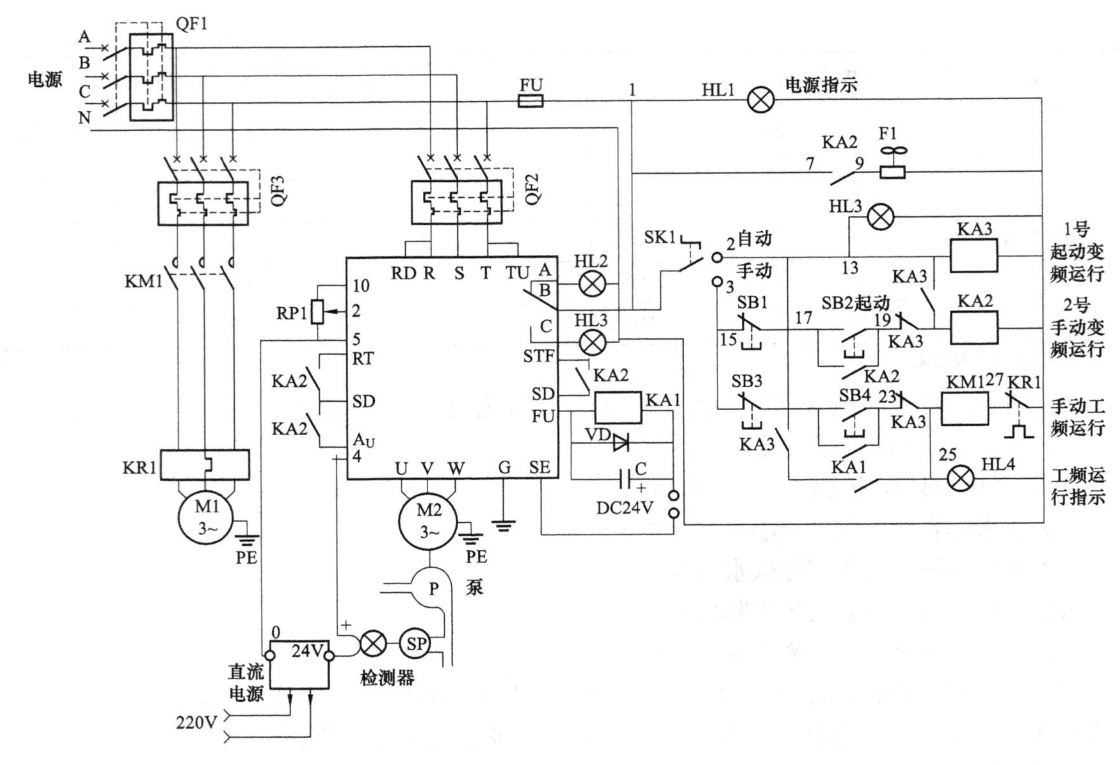

图 8-6 无人值守变频调速恒压供水系统电路原理图

4）各控制参数可通过变频器的面板显示，同时具备相应的短路、过电流、过载等保护功能。

（3）系统主要器件选择。

1）断路器 QF1 选择。在电动机要求实现工频和变频切换运行的电路中，断路器应按电动机在工频下的起动电流来考虑，断路器 QF1 的额定电流 I_{QN}应选

$$I_{QN1} \geqslant 2.5I_{MN} = 2.5 \times 13.6 = 34(\mathrm{A})$$

式中，I_{MN}=13.6A 为电动机的额定电流。

QF1 的额定电流选 40A。

2）断路器 QF2 选择。断路器具有隔离、过电流和欠电压等保护功能，当变频器的输入侧发生短路或电源电压过低等故障时，可迅速动作。考虑变频器允许的过载能力为 150%，1min。所以为避免误动作，断路器 QF2 的额定电流 I_{QN}应选

$$I_{QN1} \geqslant (1.3-1.4)I_N = (1.3-1.4) \times 16.4 = 23(\mathrm{A})$$

式中，I_N=16.4A 为变频器的输出电流。

QF2 的额定电流选 30A。

3）接触器 KM1 的选择。接触器的选择应考虑电动机在工频下的起动情况，其触点电流通常可按电动机的额定电流再加大一个等级来选择，由于电动机的额定电流为 13.6A，所以接触器的触点电流选 20A。

（4）安装与配线注意事项。

1）变频器的输入端 R、S、T 和输出端 U、V、W 绝对不允许接错，否则将引起两相间

的短路而将变频器内逆变管烧坏。

2）变频器都有一个接地端子“E”，用户应将此端子与大地相接。当变频器和其他设备，或多台变频器一起接地时，每台设备都必须分别和地线相接，不允许将一台设备的接地和另外一台或多台设备的接地端相接后再接地。

3）在进行变频器的控制端子接线时，务必与主电力线分离，也不要配置在同一配线管内，否则有可能产生误动作。

4）压力设定信号和来自压力传感器的反馈信号必须采用屏蔽线，屏蔽线的屏蔽层与变频器的控制端子 ACM 连接，屏蔽线的另一端屏蔽层悬空。

（5）变频器的功能参数设置。水泵属于二次方律负载，当转速超过额定转速时，其转矩将成二次方比例增加，所以一般最高频率设定为 50Hz，上限频率设置为 49Hz 或 49.5Hz，下限频率、起动频率、升降速时间等视现场实际情况设定。其他参数设定见表 8-4。

表 8-4　变频器其他参数设定

参数类型	参数号	作　用
端子功能选择	Pr. 183=14	将 RT 端子设定为 PID 的功能
	Pr. 184=4	反馈至为电流
	Pr. 192=16	从 IPF 端子输出正、反转信号
	Pr. 193=14	从 OL 端子输出下限信号
	Pr. 194=15	从 FU 端子输出上限信号
PID 参数预置	Pr. 128=20	检测值从端子 4 输入
	Pr. 129=30	确定 PID 的比例调节范围
	Pr. 130=10	确定 PID 的积分时间
	Pr. 131=100%	设定上限调节值
	Pr. 132=0%	设定下限调节值
	Pr. 133=50%	外部操作时，设定值由端子 2～5 端子间的电压确定，在 PU 或组合操作时控制值大小的设定
	Pr. =3s	确定 PID 的微分时间

项目 8.3　变频器在机床改造中的应用

金属切削机床的种类很多，主要有车床、铣床、磨床、钻床、刨床和镗床等。金属切削机床的基本运动是切削运动，即工件与刀具之间的相对运动。切削运动由主运动和进给运动组成。在切削运动中，承受主要切削功率的运动称为主运动。在车床、磨床和刨床等机床中，主运动是工件运动，主运动的拖动系统通常采用电磁离合器配合齿轮箱进行调速，此调速系统存在体积大、结构复杂、噪声大、电磁离合器损坏率高、调速性能差等缺点；而在铣床、镗床和钻床等机床中，主运动则是刀具的运动，主运动拖动系统是直流电动机，设备造价昂贵、效率低。因此，如果采用变频器对它们进行调速控制，可以克服上述不足，提高机床的综合性能。本节将以普通卧式车床的变频调速改造为例，介绍变频器在机床改造中的应用。

8.3.1　卧式车床的结构与负载性质

1. 卧式车床的结构与拖动系统

(1) 卧式车床的基本结构。卧式车床的基本结构如图 8－7 所示，主要部件包括：

1) 头架。头架用于固定工件，内藏齿轮箱，是主要的传动机构之一。

2) 尾座。尾座用于顶住工件，是固定工件用的辅助部件。

3) 刀架。刀架用于固定车刀。

4) 主轴变速箱。主轴变速箱用于调节主轴的转速，即工件的转速。

5) 进给箱。进给箱用于在自动进给时配合齿轮箱，控制刀具的进给运动。

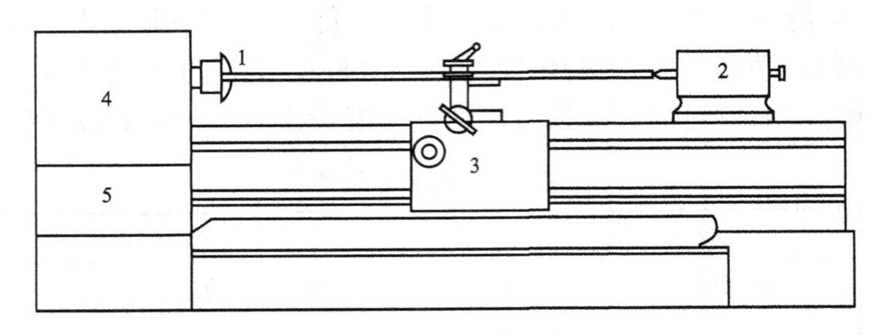

图 8－7　卧式车床的基本结构

1—头架；2—尾座；3—刀架；4—主轴变速箱；5—进给箱

(2) 卧式车床的拖动系统。卧式车床的运动系统主要包括主运动和进给运动两种。

1) 主运动。工件的旋转运动为卧式车床的主运动，带动工件旋转的拖动系统为主拖动系统。

2) 进给运动。主要是刀架的移动。由于在车削螺纹时，刀架的移动速度必须与工件的旋转速度严格配合，故中小型车床的进给运动通常由主电动机经进给传动链而拖动，并无独立的进给拖动系统。

(3) 主运动系统阻转矩的形成。主运动系统的阻转矩就是工件在切削过程中形成的阻转矩。理论上说，切削功率用于切削的剥落和变形，故切削力正比于被切削的材料性质和截面积，切削面积由背吃刀量（切削深度）和走刀量决定。而切削转矩则取决于切削力和工件回转半径的乘积，其大小与背吃刀量、进刀量和工件的材质与直径等因素有关。

2. 主运动的负载性质

在低速段，允许的最大进刀量都是相同的，负载转矩也相同，属于恒转矩区；而在高速段，则由于受床身机械强度和振动以及刀具强度等的影响，速度越高，允许的最大进刀量越小，负载转矩也越小，但切削功率保持相同，属于恒功率区。车床主轴的机械特性如图 8－8 所示。恒转矩区和恒功率区的分界转速，称为计算转速，用 n_D 表示。关于计算转速大小的规定大致如下：

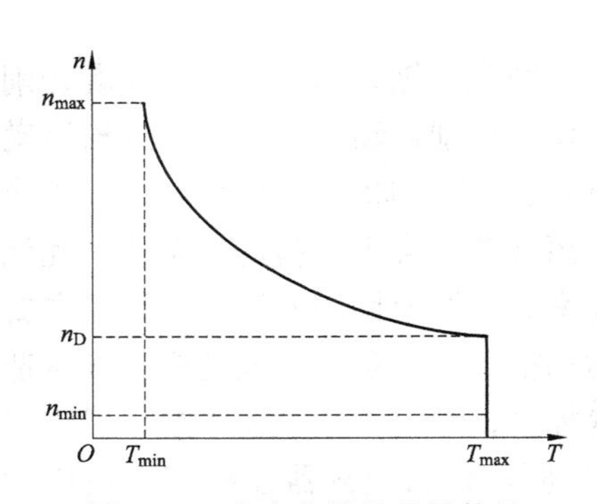

图 8－8　车床主轴的机械特性

(1) 在老系列产品中，一般规定，从最低速起，以全部级数的 1/3 的最高速作为计算转速。例如，CA6140 型卧式车床主轴的转速共分 24 级，分别为 n_1、n_2、n_3、n_4、…、n_{24}，则第八挡转速（n_8）为计算转速。

(2) 但随着刀具强度和切削技术的提高，计算转速已经大为提高，通常的规定是，以最高转速的（1/4～1/2）作为计算转速，即

$$n_D \approx (1/4 \sim 1/2)n_{max}$$

8.3.2 卧式车床的变频调速改造

某型号卧式车床拖动系统采用电磁离合器配合齿轮箱进行调速，现对其进行变频调速改造，具体步骤如下。

1. 原拖动系统数据

主轴转速共有 8 挡：75、120、200、300、500、800、1200、2000r/min。电动机额定容量为 2.2kW。电动机额定转速为 1440r/min。

2. 变频器选择

(1) 变频器的容量。考虑到车床在低速车削毛坯时常常出现较大的过载现象，且过载时间有可能超过 1min，因此，变频器的容量应比正常的配用电动机容量加大一级。

上述车床中电动机的容量是 2.2kW，故选择：变频器容量，S_N=6.9kVA（配用 P_{MN}=3.7kW 电动机）；额定电流，I_N=9A。

(2) 变频器控制方式的选择。

1) U/f 控制方式。车床除了在车削毛坯时负荷大小有较大变化外，在以后的车削过程中，负荷的变化通常是很小的。因此，就切削精度而言，选择 U/f 控制方式是能够满足要求的。但在低速切削时，需要预置较大的 U/f，在负载较轻的情况下，电动机的磁路常处于饱和状态，励磁电流较大。因此，从节能的角度看 U/f 控制方式并不理想。

2) 无反馈矢量控制方式。新系列变频器在无反馈矢量控制方式下，已经能够做到在 0.5Hz 时稳定运行，所以完全可以满足普通车床主拖动系统的要求。由于无反馈矢量控制方式能够克服 U/f 控制方式的缺点，故是一种最佳选择。

3) 有反馈矢量控制方式。有反馈矢量控制方式虽然是运行性能最为完善的一种控制方式，但由于需要增加编码器等转速反馈环节，不但增加了费用，编码器的安装也比较麻烦。所以，除非该机床对加工精度有特殊需求，一般没有必要采用此种控制方式。

目前，国产变频器大多只有 U/f 控制功能，但在价格和售后服务等方面较有优势，可以作为首选对象；大部分进口变频器的矢量控制功能都是既可以无反馈也可以有反馈，也有的变频器只配置了无反馈控制方式，如日本日立公司生产的 SJ300 系列变频器。采用无反馈矢量控制方式，选择时需要注意其能够稳定运行的最低频率（部分变频器在无反馈矢量控制方式下的实际稳定运行的最低频率为 5～6Hz）。

通过上述几种控制方式的比较，结合本例，可选择 U/f 控制方式的变频器，型号为 FR-D740-3.7K。

3. 变频器的频率给定

变频器的频率给定方式可以有多种，应根据具体情况选择。

(1) 无级调速频率给定（见图 8-9）。从调速的角度看，采用无级调速方案增加了转速的选择性，且电路也比较简单，是一种理想的方案。它可以直接通过变频器的面板进行调速，也可以通过外接电位器调速。

但在进行无级调速时必须注意：当采用两挡传动比时，存在着一个电动机的有效转矩线小于负载机械特性的区域。

(2) 分段调速频率给定。由于该车床原有的调速装置是由一个手柄旋转 9 个位置(包括 0 位)控制 4 个电磁离合器来进行调速的。考虑到改造后操作人员一时难以掌握新的操作方法,要求调节转速的操作方法不变,故采用电阻分压式给定方法,如图 8-10 所示。图中,各挡电阻值的大小应计算得使各挡的转速与改造前相同。

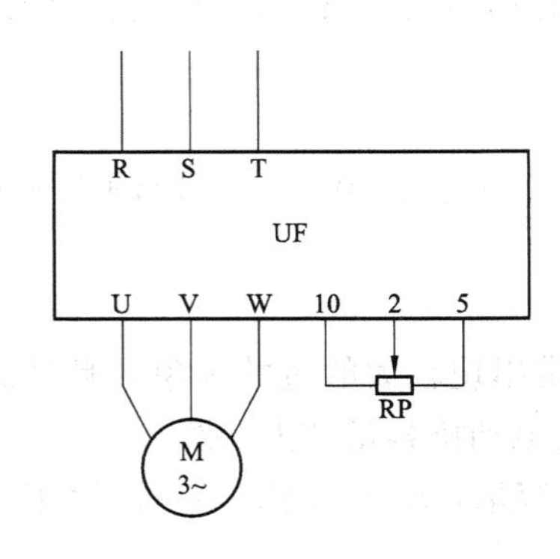

图 8-9 无级调速频率给定示意图

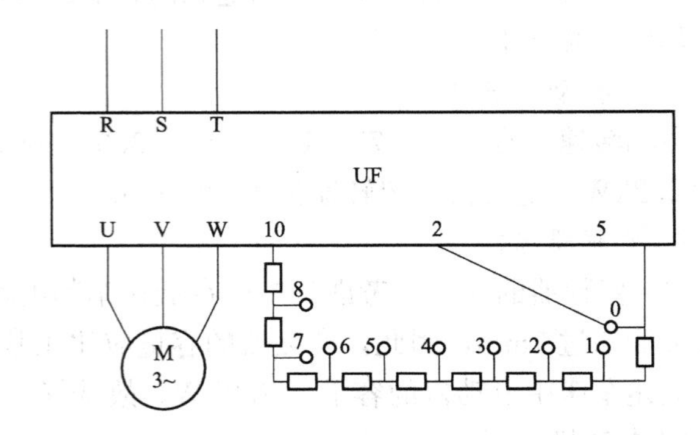

图 8-10 分段调速频率给定示意图

(3) 利用 PLC 进行分段调速频率给定。如果车床还需要进行较为复杂的程序控制而应用了可编程序控制器(PLC),则分段调速频率给定可通过 PLC 结合变频器的多挡转速功能来实现,如图 8-11 所示。图中,转速挡由按钮开关(或触摸开关)来选择,通过 PLC 控制变频器的多段速度,选择端子 RH、RM、RL 的不同组合,得到 8 挡转速。电动机的正转、反转和停止分别由按钮开关 SF、SR、ST 来控制。

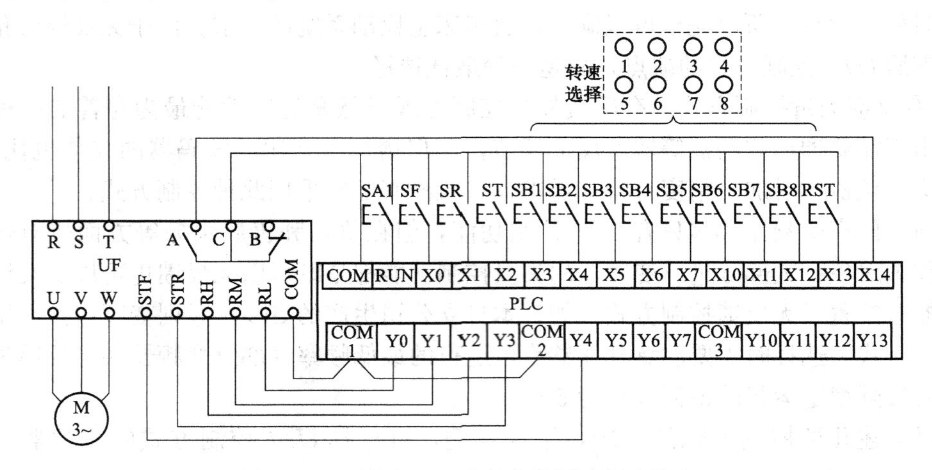

图 8-11 利用 PLC 进行分段调速频率给定

4. 变频调速系统的控制电路

(1) 控制电路。该车床主拖动系统采用外接电位器调速的控制电路,如图 8-12 所示。接触器用于接通变频器的电源,由 SBl 和 SB2 控制。继电器 KAl 用于正转,由 SF 和 ST 控制。继电器 KA2 用于反转,由 SR 和 ST 控制。

正转和反转只有在变频器接通电源后才能进行;变频器只有在正、反转都不工作时才能切断电源。由于车床需要有点动功能,故在电路中增加了点动控制按钮 SJ 和继电器 KA3。

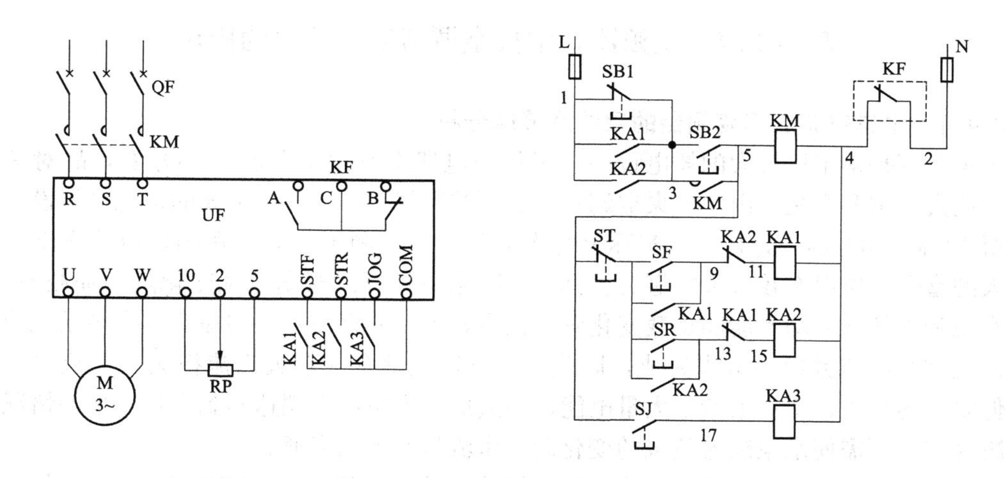

图 8-12　卧式车床变频调速的控制电路

（2）主要器件的选择。

1）空气断路器 QF 的额定电流 I_{QN} 为

$$I_{QN} \geqslant (1.3 \sim 1.4)I_N = (1.3 \sim 1.4) \times 9 = 11.7 \sim 12.6(\mathrm{A})$$

故选择 $I_{QN}=20\mathrm{A}$。

2）接触器 KM 的额定电流 I_{KN} 为

$$I_{KN} \geqslant I_N = 9\mathrm{A}$$

3）调速电位器。选 2kΩ/2W 电位器或 10kΩ/1W 的多圈电位器。

5. 变频器的预置功能参数

（1）基本频率与最高频率。在额定电压下，基本频率预置为 50Hz；当给定信号达到最大时，对应的最高频率预置为 100Hz。

（2）U/f 功能预置。使车床运行在最低速挡，按最大切削量切削最大直径的工件，逐渐加大 U/f，直至能够正常切削，然后退刀，观察空载时是否因过电流而跳闸，如不跳闸则预置完毕。

（3）升、降速时间设定。考虑到车削螺纹的需要，将升、降速时间预置为 1s。由于变频器容量已经提高了一挡，升速时不会跳闸。为了避免降速过程中跳闸，将降速时的直流电压限值预置为 680V（过电压跳闸值通常大于 700V）。通过试验进行微调，直至能够满足工作需求。

（4）电动机的过载保护。由于所选变频器容量提高了一挡，故必须准确预置电子式热保护装置的参数。在正常情况下，变频器的电流取用比为

$$I = \frac{I_{MN}}{I_N} \times 100\% = \frac{4.8}{9.0} \times 100\% = 53\%$$

因此，将保护电流的百分数预置位 55%。

（5）点动频率。点动频率的预置需结合用户的要求，不同的设备有不同的要求，一般为 5Hz。

项目 8.4 变频器在中央空调节能改造中的应用

8.4.1 中央空调应用变频器的目的及节能分析

中央空调是楼宇里最大的耗电设备，每年的电费中空调耗电占 60%左右，故对其进行节能改造具有重要意义。由于中央空调系统必须按天气最热、负荷最大的情况进行设计，并且要留 10%～20%的设计裕量，实际上绝大部分时间空调不会运行在满负荷状态下，故存在较大的富余，所以有较大节能潜力。其中，冷冻主机可以根据负载变化随之加载或减载，冷冻水泵和冷却水泵却不能随负载变化做出相应调节，故存在很大的浪费。水泵系统的流量与压差是靠阀门和旁通调节来完成，因此，不可避免地存在较大截流损失和大流量、高压力、低温差的现象，不仅浪费了大量电能，还造成中央空调末端达不到合理效果的情况。为了解决这些问题需使水泵随着负载的变化调节水流量并关闭旁通。

一般水泵采用星—三角起动方式，电动机的起动电流均为其额定电流的 3～4 倍，一台 110kW 的电动机的起动电流将达到 600A，在如此大的电流冲击下，接触器、电动机的使用寿命大大下降，同时，起动时的机械冲击和停泵时的水锤现象，容易对机械零件、轴承、阀门、管道等造成破坏，从而增加维修工作量和备品、备件费用。

对水泵系统进行变频调速改造，根据冷冻水泵和冷却水泵负载的变化随之调整电动机的转速，以达到节能的目的，节能效果分析如下。

经变频调速后，水泵电动机转速下降，电动机从电网吸收的电能就会大大减少，其减少的功耗为

$$\Delta P = P_0\left[1-\left(\frac{n_1}{n_0}\right)^3\right]$$

减少的流量为

$$\Delta Q = Q_0\left[1-\left(\frac{n_1}{n_0}\right)\right]$$

式中 n_1——改变后的转速；

n_0——电动机原来的转速；

P_0——电动机原转速下的电动机消耗功率；

Q_0——电动机原转速下所产生的水泵流量。

由上面两个公式可以看出流量的减少与转速减少的一次方成正比，但功耗的减少却与转速减少的三次方成正比。假设原流量为 100 个单位，耗能也为 100 个单位，如果转速降低 10 个单位，则流量减少 $\Delta Q=Q_0[1-(n_1/n_0)]=100\times[1-(90/100)]=10$ 单位，而消耗功率减少 $\Delta P=P_0[1-(n_1/n_0)^3]=100\times[1-(90/100)^3]=27.1$ 单位，即功耗比原来减少 27.1%。

由于变频器是软起动方式，采用变频器控制电动机后，电动机在起动及运转过程中均无冲击电流，而冲击电流是影响接触器、电动机使用寿命最主要、最直接的因素，同时采用变频器控制电动机后还可避免水锤现象，因此可大大延长电动机、接触器及机械散件、轴承、阀门、管道的使用寿命。

8.4.2 中央空调的组成及工作原理

中央空调系统的组成框图如图 8-13 所示，其主要由冷冻主机、冷却水塔、冷却水循环

系统、冷冻水循环系统等部分组成。

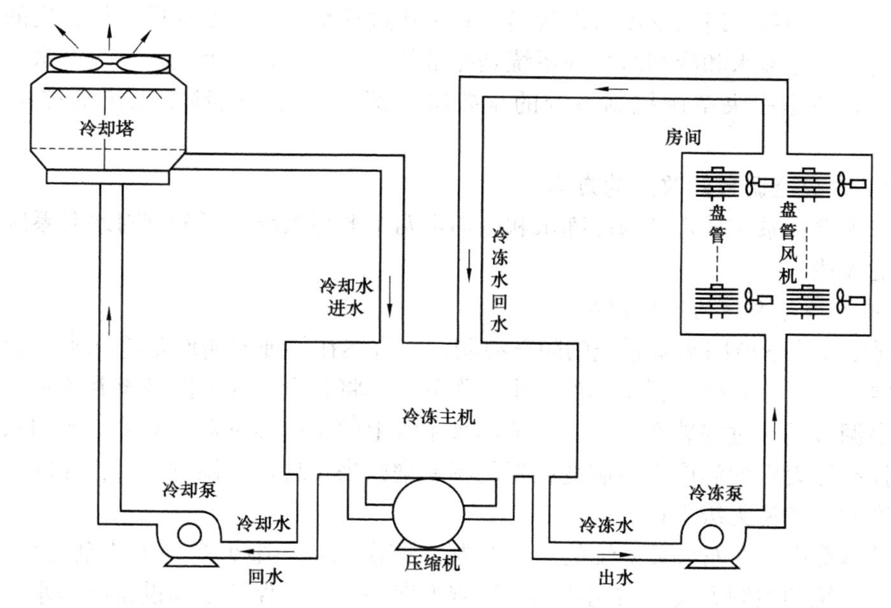

图 8-13　中央空调系统组成框图

1. 冷冻主机

冷冻主机也称为制冷装置，是中央空调的制冷源，通往各个房间的循环水由冷冻主机进行内部热交换，降温为冷冻水。

2. 冷却水塔

冷冻主机在制冷过程中必然会释放热量，使机组发热。冷却塔用于为冷冻主机提供冷却水。冷却水在盘旋流过冷冻主机后，将带走冷冻主机所产生的热量，使冷冻主机降温。

3. 冷冻水循环系统

冷冻水循环系统由冷冻泵及冷冻水管道组成。从冷冻主机流出的冷冻水由冷冻泵加压送入冷冻水管道，通过各房间的盘管，带走房间内的热量，使房间内的温度下降，同时，房间内的热量被冷冻水吸收，使冷冻水的温度升高。温度升高了的冷冻水经冷冻主机后又成为冷冻水，如此循环往复。这里，冷冻主机是冷冻水的源；从冷冻主机流出的水称为出水；经各楼层房间后流回冷冻主机的水称为回水。

4. 冷却水循环系统

冷却水循环系统由冷却泵、冷却水管道及冷却塔组成。冷却水在吸收冷冻主机释放的热量后，自身的温度升高。冷却泵将升了温的冷却水压入冷却塔，使之在冷却塔中与大气进行热交换，然后再将降了温的冷却水送回到冷冻机组。如此不断循环，带走冷冻主机释放的热量。这里，冷冻主机是冷却水的冷却对象，是负载，故流进冷冻主机的冷却水称为进水；从冷冻主机流回冷却塔的冷却水称为回水。回水的温度高于进水的温度，以形成温差。

5. 冷却风机

有两种不同用途的冷却风机。

（1）盘管风机安装于所有需要降温的房间内，用于将由冷冻水盘管冷却了的冷空气吹入房间，加速房间内的热交换。

（2）冷却塔风机用于降低冷却塔中的水温，加速将回水带回的热量散发到大气中去。

由中央空调的系统组成框图可以看出，其工作过程是一个不断地进行热交换的能量转换过程。在这里，冷冻水和冷却水循环系统是能量的主要传递者。因此，对冷冻水和冷却水循环系统的控制便是中央空调控制系统的重要组成部分。两个循环水系统的控制方法基本相同。

8.4.3 中央空调节能改造的方案

由于中央空调系统通常分为冷冻水和冷却水两个循环系统，可分别对水泵系统采用变频器进行节能改造。

1. 冷冻水循环系统的闭环控制

（1）制冷模式下冷冻水泵系统的闭环控制。该方案在保证末端设备冷冻水流量供给的情况下，确定一个冷冻泵变频器工作的最小工作频率，将其设定为下限频率并锁定。变频冷冻水泵的频率调节是通过安装在冷冻水系统回水主管上的温度传感器检测冷冻水回水温度，再经由温度控制器设定的温度来控制变频器的频率增减来实现，控制方式是：冷冻回水温度大于设定温度时，频率无级上调。

（2）制热模式下冷冻水泵系统的闭环控制。该模式是在中央空调中热泵运行（即制热）时冷冻水泵系统的控制方案。与制冷模式控制方案一样，在保证末端设备冷冻水流量供给的情况下，确定一个冷冻泵变频器工作的最小工作频率，将其设定为下限频率并锁定。变频冷冻水泵的频率调节是通过安装在冷冻水系统回水主管上的温度传感器检测冷冻水回水温度，再经由温度控制器设定的温度来控制变频器的频率增减来实现。不同的是：冷冻回水温度小于设定温度时，频率无级上调；冷冻水回水温度越高，变频器的输出频率越低。

变频器控制系统通过安装在冷冻水系统回水主管上的温度传感器来检测冷冻水的回水温度，并可直接通过设定变频器参数使系统温度在需要的范围内。

另外，针对已往改造的方案中首次运行时温度交换不充分的缺陷，变频器控制系统可增加首次起动全速运行功能，通过设定变频器参数可使冷冻水系统充分交换一段时间，然后再根据冷冻水回水温度对频率进行无级调速，并且变频器输出频率是通过检测回水温度信号及温度设定值经 PID 运算而得出的。

2. 冷却水系统的闭环控制

目前，对冷却水系统进行改造的方案最为常见，节电效果也较为显著。该方案同样在保证冷却塔有一定的冷却水流出的情况下，通过控制变频器的输出频率来调节冷却水流量，当中央空调冷却水出水温度低时减少冷却水流量，当中央空调冷却水出水温度高时加大冷却水流量，从而在保证中央空调机组正常工作的前提下达到节能增效的目的。

经多方实践与论证，冷却水系统闭环控制可采用与冷冻水系统一样的控制方式，即检测冷却水回水温度组成闭环系统进行调节。与冷却管进、出水温度差调节方式比较，这种控制方式的优点有：

（1）只需在中央空调冷却管出水端安装一个温度传感器，简单可靠。

（2）当冷却水出水温度高于温度上限设定值时，频率直接优先上调至上限频率。

（3）当冷却水出水温度低于温度下限设定值时，频率直接优先下调至下限频率，而采用冷却管进、出水温度差来调节很难达到这点。

（4）当冷却水出水温度介于温度下限设定值与温度上限设定值之间时，通过对冷却水出水温度及温度上、下限设定值进行 PID 调节，从而达到对频率的无级调速，闭环控制迅速准确。

（5）节能效果更为明显。当冷却水出水温度低于温度上限设定值时，采用冷却管进、出水温度差调节方式没有将出水温度低这一因素加入节能考虑范围，而仅仅由温度差来对频率进行无级调速；而采用上、下限温度调节方式则充分考虑这一因素，因而节能效果更为明显，通过对多家用户市场调查，平均节电率要提高 5%以上，节电率达到 20%～40%。

（6）具有首次起动全速运行功能。通过设定变频器参数中的数值可使冷冻水系统充分交换一段时间，避免由于刚起动运行时热交换不充分而引起的系统水流量过小。

3. 中央空调变频调速系统电路设计

如图 8-14 所示，为应用三菱 FR-A740 变频器构成的冷却（冷冻）水循环系统变频调速控制电路。

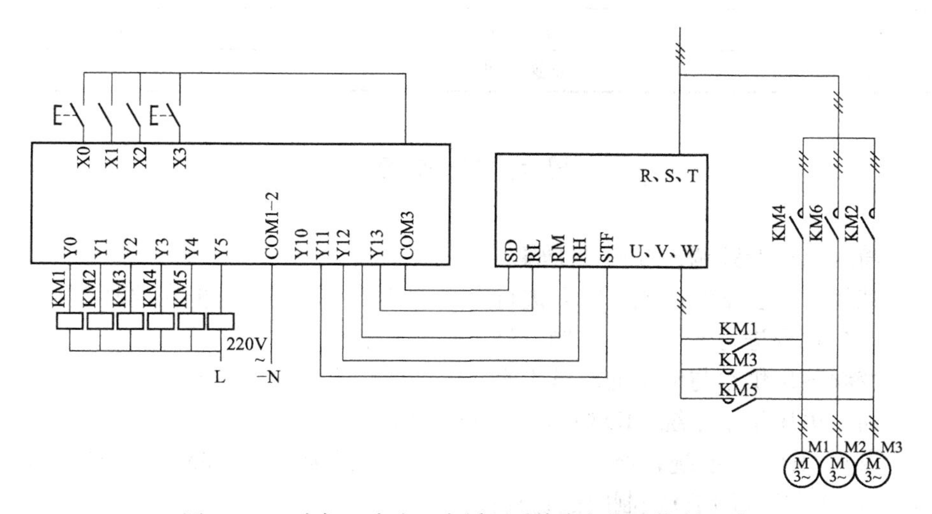

图 8-14　冷却（冷冻）水循环系统变频调速控制电路

图 8-14 中有 3 台水泵 M1、M2、M3，每次只运行 2 台，另一台备用，运行一段时间后轮换。

（1）水泵的切换运行方式。

1）先起动 1 号水泵（M1 拖动），进行恒温度（差）控制。

2）当 1 号水泵的工作频率上升至 50Hz 时，将它切换至工频电源；同时将变频器的给定频率迅速降到 0Hz，使 2 号水泵（M2 拖动）与变频器相接，并开始起动，进行恒温（差）控制。

3）当 2 号水泵的工作频率也上升至 50Hz 时，也切换至工频电源；同时将变频器的给定频率迅速降到 0Hz，进行恒温（差）控制。

当冷却或冷冻进（回）水温差超出上限温度时，1 号水泵工频全速运行，2 号水泵切换到变频状态高速运行，冷却或冷冻进（回）水温差小于下限温度时，断开 1 号水泵，使 2 号水泵变频低速运行。

4）若有一台水泵出现故障，则 3 号水泵（M3 拖动）立即投入使用。

（2）参数设置。变频调速通过变频器的 7 段速度实现控制，需要设定的参数见表 8-5

和表8-6。

表8-5 7段速参数设置

速度	1段速	2段速	3段速	4段速	5段速	6段速	7段速
参数号	Pr. 27	Pr. 26	Pr. 25	Pr. 24	Pr. 6	Pr. 5	Pr. 4
设定值	10	15	20	25	30	40	50

表8-6 基本控制参数设置

参数号	功能	设定值
Pr. 0	起动力矩	3%
Pr. 1	上限频率	50Hz
Pr. 2	下限频率	10Hz
Pr. 3	基底频率	50Hz
Pr. 7	加速时间	5s

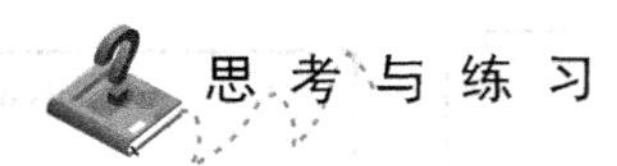

思考与练习

8-1 简述风机变频调速改造的步骤。

8-2 某污水处理系统的风机需要进行变频调速改造，要求既能在控制室对风机进行控制，也能在室外现场进行专色调节控制。试设计其控制电路。

8-3 变频恒压供水与传统的水塔供水相比较，具有哪些优点？

8-4 简述恒压供水系统PID模拟调节的步骤。

8-5 某恒压供水系统，所购压力传感器的量程为0～1.6MPa，实际需要压力为0.4MPa，试计算在进行PID控制时的目标值。

8-6 对变频器进行频率给定的方法有哪些？试画出相应的控制电路。

8-7 简述中央空调系统的组成及工作原理。

8-8 简述中央空调变频改造的步骤及中央空调变频改造的优点。

附录A 三菱变频器FR－A700系列部分功能参数表

功能	参数	名称	设定范围	最小设定单位	初始值	参考页	客户设定值
基本功能	◎0	转矩提升	0～30%	0.10%	6/4/3/2/1%*1	128	
	◎1	上限频率	0～120Hz	0.01Hz	120/60Hz*2	140	
	◎2	下限频率	0～120Hz	0.01Hz	0Hz	140	
	◎3	基准频率	0～400Hz	0.01Hz	50Hz	142	
	◎4	多段速设定（高速）	0～400Hz	0.01Hz	50Hz	148	
	◎5	多段速设定（中速）	0～400Hz	0.01Hz	30Hz	148	
	◎6	多段速设定（低速）	0～400Hz	0.01Hz	10Hz	148	
	◎7	加速时间	0～3600/360s	0.1/0.01s	5/15s*3	155	
	◎8	减速时间	0～3600/360s	0.1/0.01s	5/15s*3	155	
	◎9	电子过电流保护	0～500/0～3600A*2	0.01/0.1A*2	额定电流	163	
直流制动	10	直流制动动作频率	0～120Hz，9999	0.01Hz	3Hz	180	
	11	直流制动动作时间	0～10s，8888	0.1s	0.5s	180	
	12	直流制动动作电压	0～30%	0.1%	4/2/1%*4	180	
—	13	起动频率	0～60Hz	0.01Hz	0.5Hz	157	
—	14	适用负载选择	0～5	1	0	144	
JOG	15	点动频率	0～400Hz	0.01Hz	5Hz	150	
	16	点动加减速时间	0～3600/360s	0.1/0.01s	0.5s	150	
—	17	MRS输入选择	0，2，4	1	0	207	
—	18	高速上限频率	120～400Hz	0.01Hz	120/60Hz*2	140	
—	19	基准频率电压	0～1000V，8888，9999	0.1V	9999	142	
加减速时间	20	加减速基准频率	1～400Hz	0.01Hz	50Hz	155	
	21	加减速时间单位	0，1	1	0	155	
防止失速	22	失速防止动作水平（转矩限制水平）	0～400%	0.10%	150%	134，85	
	23	倍速时失速防止动作水平补偿系数	0～200%，9999	0.10%	9999	134	
多段速度设定	24～27	多段速设定（4速～7速）	0～400Hz，9999	0.01Hz	9999	148	
—	28	多段速输入补偿选择	0，1	1	0	152	
—	29	加减速曲线选择	0～5	1	0	158	
—	30	再生制动功能选择	0，1，2，10，11，12，20，21	1	0	184	

续表

功能	参数	名称	设定范围	最小设定单位	初始值	参考页	客户设定值
频率跳变	31	频率跳变 1A	0～400Hz，9999	0.01Hz	9999	141	
	32	频率跳变 1B	0～400Hz，9999	0.01Hz	9999	141	
	33	频率跳变 2A	0～400Hz，9999	0.01Hz	9999	141	
	34	频率跳变 2B	0～400Hz，9999	0.01Hz	9999	141	
	35	频率跳变 3A	0～400Hz，9999	0.01Hz	9999	141	
	36	频率跳变 3B	0～400Hz，9999	0.01Hz	9999	141	
—	37	转速显示	0，1～9998	1	0	223	
频率检测	41	频率到达动作范围	0～100%	0.10%	10%	218	
	42	输出频率检测	0～400Hz	0.01Hz	6Hz	218	
	43	反转时输出频率检测	0～400Hz，9999	0.01Hz	9999	218	
第 2 功能	44	第 2 加减速时间	0～3600/360s	0.1/0.01s	5s	155	
	45	第 2 减速时间	0～3600/360s，9999	0.1/0.01s	9999	155	
	46	第 2 转矩提升	0～30%，9999	0.10%	9999	128	
	47	第 2V/F（基准频率）	0～400Hz，9999	0.01Hz	9999	142	
	48	第 2 失速防止动作水平	0～220%	0.10%	150%	134	
	49	第 2 失速防止动作频率	0～400Hz，9999	0.01Hz	0Hz	134	
	50	第 2 输出频率检测	0～400Hz	0.01Hz	30Hz	218	
	51	第 2 电子过电流保护	0～500A，9999/0～3600A，9999*2	0.01/0.1A*2	9999	163	
监视器功能	52	DU/PU 主显示数据选择	0，5～14，17～20，22～25，32～35	1	0	225	
	54	CA 端子功能选择	1～3，5～14，17，18，21，24，32～34，50，52，53	1	1	225	
	55	频率监视基准	0～400Hz	0.01Hz	50Hz	230	
	56	电流监视基准	0～500/0～3600A*2	0.01/0.1A*2	变频器额定电流	230	
再试	57	再起动自由运行时间	0，0.1～5s，9999/0，0.1～30s，9999*2	0.1s	9999	235	
	58	再起动上升时间	0～60s	0.1s	1s	235	
—	59	遥控功能选择	0，1，2，3	1	0	152	
—	60	节能控制选择	0，4	1	0	246	
自动加减速	61	基准电流	0～500A，9999/0～3600A，9999*2	0.01/0.1A*2	9999	146，161	
	62	加速时基准值	0～220%，9999	0.1%	9999	161	
	63	减速时基准值	0～220%，9999	0.1%	9999	161	
	64	升降机模式起动频率	0～10Hz，9999	0.01Hz	9999	146	

续表

功能	参数	名称	设定范围	最小设定单位	初始值	参考页	客户设定值
—	65	再试选择	0～5	1	0	241	
—	66	失速防止动作水平降低开始频率	0～400Hz	0.01Hz	50Hz	134	
再试	67	报警发生时再试次数	0～10，101～110	1	0	241	
	68	再试等待时间	0～10s	0.1s	1s	241	
	69	再试次数显示和消除	0	1	0	241	
—	70	特殊再生制动使用率	0～30%/0～10%*2	0.1%	0%	184	
—	71	适用电动机	0～8，13～18，20，23，24，30，33，34，40，43，44，50，53	1	0	166	
—	72	PWM 频率选择	0～15/0～6，25*2	1	2	252	
—	73	模拟量输入选择	0～7，10～17	1	1	255，258	
—	74	输入滤波时间常数	0～8	1	1	260	
—	75	复位选择/PU 脱离检测/PU 停止选择	0～3，14～17	1	14	271	
—	76	报警代码选择输出	0，1，2	1	0	243	
—	77	参数写入选择	0，1，2	1	0	273	
—	78	反转防止选择	0，1，2	1	0	274	
—	◎79	运行模式选择	0，1，2，3，4，6，7	1	0	276	
电动机常数	80	电动机容量	0.4～55kW，9999/0～3600kW，9999*2		9999	78	
	81	电动机极数	2，4，6，8，10，12，14，16，18，20，112，122，9999	1	9999	78	
	82	电动机励磁电流	0～500A，9999/0～3600A，9999*2		9999	168	
	83	电动机额定电压	0～1000V	0.1V	200/400V	168	
	84	电动机额定频率	10～120Hz	0.01Hz	50Hz	168	
	89	速度控制增益（磁通矢量）	0～200%，9999	0.1%	9999	130	
	90	电动机常数（R1）	0～50Ω，9999/0～400mΩ，9999*2	0.001Ω/0.01mΩ*2	9999	168	
	91	电动机常数（R2）	0～50Ω，9999/0～400mΩ，9999*2		9999	168	
	92	电动机常数（L1）	0～50Ω（0～1000mH），9999/0～3600mΩ（0～400mH），9999*2		9999	168	

续表

功能	参数	名称	设定范围	最小设定单位	初始值	参考页	客户设定值
电动机常数	93	电动机常数（L2）	0～50Ω（0～1000mH），9999/0～3600mΩ（0～400mH），9999[*2]	0.001Ω（0.1mH）/0.01mΩ（0.01mH）[*2]	9999	168	
	94	电动机常数（X）	0～500Ω（0～100%），9999/0～100Ω（0～100%），9999[*2]	0.01Ω（0.1%）/0.01Ω（0.01%）[*2]	9999	168	
	95	在线自动调谐选择	0～2	1	0	178	
	96	自动调谐设定/状态	0，1，101	1	0	168	
V/F5 点可调整	100	V/F1（第 1 频率）	0～400Hz，9999	0.01Hz	9999	147	
	101	V/F1（第 1 频率电压）	0～1000V	0.1V	ΩV	147	
	102	V/F2（第 2 频率）	0～400Hz，9999	0.01Hz	9999	147	
	103	V/F2（第 2 频率电压）	0～1000V	0.1V	0V	147	
	104	V/F3（第 3 频率）	0～400Hz，9999	0.01Hz	9999	147	
	105	V/F3（第 3 频率电压）	0～1000V	0.1V	0V	147	
	106	V/F4（第 4 频率）	0～400Hz，9999	0.01Hz	9999	147	
	107	V/F4（第 4 频率电压）	0～1000V	0.1V	0V	147	
	108	V/F5（第 5 频率）	0～400Hz，9999	0.01Hz	9999	147	
	109	V/F5（第 5 频率电压）	0～1000V	0.1V	0V	147	
第 3 功能	110	第 3 加减速时间	0～3600/360s，9999	0.1/0.01s	9999	155	
	111	第 3 减速时间	0～3600/360s，9999	0.1/0.01s	9999	155	
	112	第 3 转矩提升	0～30%，9999	0.10%	9999	128	
	113	第 3V/F（基底频率）	0～400Hz，9999	0.01Hz	9999	142	
	114	第 3 失速防止动作电流	0～220%	0.10%	150%	134	
	115	第 3 失速防止动作频率	0～400Hz	0.01Hz	0	134	
	116	第 3 输出频率检测	0～400Hz	0.01Hz	50Hz	218	
PU 接口通信	117	PU 通信站号	0～31	1	0	295	
	118	PU 通信速率	48，96，192，384	1	192	295	
	119	PU 通信停止位长	0，1，10，11	1	1	295	
	120	PU 通信奇偶校验	0，1，2	1	2	295	
	121	PU 通信再试次数	0～10，9999	1	1	295	
	122	PU 通信校验时间间隔	0，0.1～999.8s，9999	0.1s	9999	295	
	123	PU 通信等待时间设定	0～150ms，9999	1	9999	295	
	124	PU 通信有无 GR/LF 选择	0，1，2	1	1	295	
—	◎ 125	端子 2 频率设定增益	0～400Hz	0.01Hz	50Hz	261	

续表

功能	参数	名称	设定范围	最小设定单位	初始值	参考页	客户设定值
—	◎126	端子4频率设定增益	0～400Hz	0.01Hz	50Hz	261	
PID运行	127	PID控制自动切换频率	0～400Hz，9999	0.01Hz	9999	322	
	128	PID动作选择	10，11，20，21，50，51，60，61	1	10	322	
	129	PID比例带	0.1～1000%，9999	0.10%	100%	322	
	130	PID积分时间	0.1～3600s，9999	0.1s	1s	322	
	131	PID上限	0～100%，9999	0.1%	9999	322	
	132	PID下限	0～100%，9999	0.1%	9999	322	
	133	PID动作目标值	0～100%，9999	0.01%	9999	322	
	134	PID微分时间	0.01～10.00s，9999	0.01s	9999	322	
第2功能	135	工频电源切换输出端子选择	0，1	1	0	330	
	136	MG切换互锁时间	0～100s	0.1s	1s	330	
	137	起动等待时间	0～100s	0.1s	0.5s	330	
	138	异常时工频切换选择	0，1	1	0	330	
	139	变频—工频自动切换频率	0～60Hz，9999	0.01Hz	9999	330	
监视器功能	140	齿隙补偿加速中断频率	0～400Hz	0.01Hz	1Hz	158	
	141	齿隙补偿加速中断时间	0～360s	0.1s	0.5s	158	
	142	齿隙补偿减速中断频率	0～400Hz	0.01Hz	1Hz	158	
	143	齿隙补偿减速中断时间	0～360s	0.1s	0.5s	158	
—	144	速度设定转换	0，2，4，6，8，10，12，102，104，106，108，110，112	1	4	223	
PU	145	PU显示语言切换	0～7	1	1	354	
电流检测	148	输入0V时的失速防止水平	0～220%	0.1%	150%	134	
	149	输入10V时的防止失速水平	0～220%	0.1%	200%	134	
	150	输出电流检测水平	0～220%	0.1%	150%	220	
	151	输出电流检测信号延迟时间	0～10s	0.1s	0s	220	
	152	零电流检测水平	0～220%	0.1%	5%	220	
	153	零电流检测时间	0～1s	0.01s	0.5s	220	
—	154	失速防止动作中的电压降低选择	0，1	1	1	134	
—	155	RT信号执行条件选择	0，10	1	0	209	
—	156	失速防止动作选择	0～31，100，101	1	0	134	

续表

功能	参数	名称	设定范围	最小设定单位	初始值	参考页	客户设定值
—	157	OL 信号输出延时	0～25s，9999	0.1s	0s	134	
—	158	AM 端子功能选择	1～3，5～14，17，18，21，24，32～34，50，52，53	1	1	225	
—	159	变频—工频自动切换范围	0～10Hz，9999	0.01Hz	9999	330	
—	◎ 160	用户参数组读取选择	0，1，9999	1	0	274	
—	161	频率设定/键盘锁定操作选择	0，1，10，11	1	0	354	
再起动	162	瞬时停电再起动动作选择	0，1，2，10，11，12	1	0	235	
	163	再起动第 1 缓冲时间	0～20s	0.1s	0s	235	
	164	再起动第 1 缓冲电压	0～100%	0.1%	0%	235	
	165	再起动失速防止动作水平	0～220%	0.1%	150%	235	
电流检测	166	输出电流检测信号保持时间	0～10s，9999	0.1s	0.1s	220	
	167	输出电流检测动作选择	0，1	1	0	220	
—	168	生产厂家设定用参数，请不要设定					
—	169						
监视功能	170	累计电能表清零	0，10，9999	1	9999	225	
	171	实际运行时间清零	0，9999	1	9999	225	
用户组	172	用户参数组注册数显示/一次性删除	9999，(0～16)	1	0	274	
	173	用户参数注册	0～999，9999	1	9999	274	
	174	用户参数删除	0～999，9999	1	9999	274	
输入端子的功能分配	178	STF 端子功能选择	0～20，22～28，37，42～44，60，62，64～71，9999	1	60	205	
	179	STR 端子功能选择	0～20，22～28，37，42～44，61，62，64～71，9999	1	61	205	
	180	RL 端子功能选择	0～20，22～28，37，9999	1	0	205	
	181	RM 端子功能选择	42～44，62，64～71，9999	1	1	205	

续表

功能	参数	名称	设定范围	最小设定单位	初始值	参考页	客户设定值
输入端子的功能分配	182	RH 端子功能选择	42～44，62，64～71，9999	1	2	205	
	183	RT 端子功能选择		1	3	205	
	184	AU 端子功能选择	0～20，22～28，37，42～44，62～71，9999	1	4	205	
	185	JOG 端子功能选择	0～20，22～28，37，42～44，62，64～71，9999	1	5	205	
	186	GS 端子功能选择		1	6	205	
	187	MRS 端子功能选择		1	24	205	
	188	STOP 端子功能选择		1	25	205	
	189	RES 端子功能选择		1	62	205	
输出端子的功能分配	190	RUN 端子功能选择	0～8，10～20，25～28，30～36，39，41～47，64，70，84，85，90～99，100～108，110～116，120，125～128，130～136，139，141～147，164，170，184，185，190～199，9999	1	0	212	
	191	SU 端子功能选择		1	1	212	
	192	I PF 端子功能选择		1	2	212	
	193	OL 端子功能选择		1	3	212	
	194	FU 端子功能选择		1	4	212	
	195	ABG1 端子功能选择	0～8，10～20，25～28，30～36，41～47，64，70，84，85，90，91，94～99，100～108，110～116，120，125～128，130～136，139，141～147，164，170，184，185，190	1	99	212	
	196	ABG2 端子功能选择	191，194～199，9999	1	9999	212	
多段速度设定	232～239	多段速设定（8 速～15 速）	0～400Hz，9999	0.01Hz	9999	148	
—	240	Soft - PWM 动作选择	0，1	1	1	252	
—	241	模拟输入显示单位切换	0，1	1	0	261	
—	242	端子 1 叠加补偿增益（端子 2）	0～100%	0.10%	100%	258	
—	243	端子 1 叠加补偿增益（端子 4）	0～100%	0.10%	75%	258	
—	244	冷却风扇的动作选择	0，1	1	1	347	
转差补偿	245	额定转差	0～50%，9999	0.01%	9999	133	
	246	转差补偿时间常数	0.01～10s	0.01s	0.5s	133	
	247	恒功率区域转差补偿选择	0，9999	1	9999	133	

续表

功能	参数	名称	设定范围	最小设定单位	初始值	参考页	客户设定值
—	250	停止选择	0～100s，1000～1100s，8888，9999	0.1s	9999	189	
—	251	输出缺相保护选择	0，1	1	1	244	
频率补偿功能	252	过调节偏置	0～200%	0.10%	50%	258	
	253	过调节增益	0～200%	0.10%	150%	258	
挡块定位	275	挡块定位励磁电流低速倍速	0～1000%，9999	0.001	9999	190	
	276	挡块定位时PWM载波频率	0～9，9999/0～4，9999*2	1	9999	190	
制动序列功能	278	制动开启频率	0～30Hz	0.01Hz	3Hz	190	
	279	制动开启电流	0～220%	0.001	1.3	192	
	280	制动开启电流检测时间	0～2s	0.1s	0.3s	192	
	281	制动操作开始时间	0～5s	0.1s	0.3s	192	
	282	制动操作频率	0～30Hz	0.01Hz	6Hz	192	
	283	制动操作停止时间	0～5s	0.1s	0.3s	192	
	284	减速检测功能选择	0，1	1	0	192	
	285	超速检测频率（速度偏差过大检测频率）	0～30Hz，9999	0.1Hz	9999	102，192	
固定偏差控制	286	增益偏差	0～100%	0.001	0	337	
	287	滤波器偏差时定值	0～1s	0.01s	0.3s	337	
	288	固定偏差功能动作选择	0，1，2，10，11	1	0	337	
—	291	脉冲列输入输出选择	0，1	1	0	230，339	
—	292	自动加减速	0，1，3，5～8，11	1	0	146，161，192	
—	293	加速减速个别动作选择模式	0～2	1	0	161	
—	294	UV回避电压增益	0～200%	0.001	100%	239	
—	299	再起动时的旋转方向检测选择	0，1，9999	1	0	235	
RS-485通信	331	RS-485通信站号	0～31（0～247）	1	0	295	
	332	RS-485通信速率	3，6，12，24，48，96，192，384	1	96	295	
	333	RS-485通信停止位长	0，1，10，11	1	1	295	
	334	RS-485通信奇偶校验选择	0，1，2	1	2	295	

续表

功能	参数	名称	设定范围	最小设定单位	初始值	参考页	客户设定值
RS-485 通信	335	RS-485 通信再试次数	0～10，9999	1	1	295	
	336	RS-485 通信校验时间间隔	0～999.8s，9999	0.1s	0s	295	
	337	RS-485 通信等待时间设定	0～150ms，9999	1	9999	295	
	338	通信运行指令权	0，1	1	0	285	
	339	通信速率指令权	0，1，2	1	0	285	
	340	通信起动模式选择	0，1，2，10，12	1	0	284	
	341	RS-485 通信 CR/LF 选择	0，1，2	1	1	295	
	342	通信 EEPROM 写入选择	0，1	1	0	296	
	343	通信错误计数	—	1	0	307	
PLG 反馈	367*5	速度反馈范围	0～400Hz，9999	0.01Hz	9999	341	
	368*5	反馈增益	0～100	0.1	1	341	
	369*5	PLG 脉冲数量	0～4096	1	1024	195，341	
	374	过速度检测水平	0～400Hz	0.01Hz	115Hz	244	
	376*5	选择有无断线检测	0，1	1	0	245	
S 字加减速 C	380	加速时 S 字 1	0～50%	0.01	0	158	
	381	减速时 S 字 1	0～50%	0.01	0	158	
	382	加速时 S 字 2	0～50%	0.01	0	158	
	383	减速时 S 字 2	0～50%	0.01	0	158	
电流平均值	555	电流平均时间	0.1～1.0s	0.1s	1s	351	
	556	数据输出屏蔽时间	0.0～20.0s	0.1s	0s	351	
	557	电流平均值监视信号基准输出电流	0～500/0～3600A*2	0.01/0.1A*2	变频器额定电流	351	
—	563	累计通电时间次数	(0～65535)	1	0	225	
—	564	累计运转时间次数	(0～65535)	1	0	225	
第 2 电机常数	569	第 2 电机速度控制增益	0～200%，9999	0.001	9999	130	
—	570	多重额定选择	0～3	1	2	139	
—	571	起动时维持时间	0.0～10.0s，9999	0.1s	9999	130	
—	574	第 2 电机在线自动调谐	0，1	1	0	178	
PID 运行	575	输出中断检测时间	0～3600s，9999	0.1s	1s	322	
	576	输出中断检测水平	0～400Hz	0.01Hz	0Hz	322	
	577	输出中断解除水平	900～1100%	0.001	10	322	

续表

功能	参数	名称	设定范围	最小设定单位	初始值	参考页	客户设定值
参数清除	Pr. CL	清除参数	0，1	1	0	357	
	ALLC	参数全部清除	0，1	1	0	297	
	Er. CL	清除报警历史	0，1	1	0	300	
	PCPY	参数拷贝	0，1，2，3	1	0	359	

注 1. *1，*2，*3，*4 表示按不同容量选择参数：

*1—0.4，0.75K/1.5～3.7K/5.5，7.5K/11～55K/75K 以上；

*2—55K 以下/75K 以上；

*3—7.5K 以下/11K 以上；

*4—7.5K 以下/11～55K/75K 以上。

2. *5 表示仅在 FR－A7AP 变频器安装时可进行设定。

参 考 文 献

[1] 咸庆信. 变频器电路维修与故障实例分析. 2版. 北京：机械工业出版社，2013.
[2] 王延才. 变频器原理及应用. 2版. 北京：机械工业出版社，2011.
[3] 徐海，施利春. 变频器原理及应用. 北京：清华大学出版社，2010.
[4] 童克波. 变频器原理及应用技术. 大连：大连理工大学出版社，2012.
[5] 咸庆信. 变频器实用电路图集与原理图说. 2版. 北京：机械工业出版社，2012.
[6] 曹箐. 三菱PLC触摸屏和变频器应用技术. 北京：机械工业出版社，2011.
[7] 周奎，吴会琴，高文忠. 变频器系统运行与维护. 北京：机械工业出版社，2014.
[8] 王建，徐洪亮. 变频器实用技术（三菱）. 北京：机械工业出版社，2011.
[9] 王延才. 电力电子技术. 北京：机械工业出版社，2000.
[10] 钱海月，王海浩. 变频器控制技术. 北京：电子工业出版社，2013.
[11] 刘美俊. 变频器应用与维修. 北京：中国电力出版社，2013.
[12] 樊新军，马爱芳. 电机技术及应用. 武汉：华中科技大学出版社，2012.
[13] 王宏伟. 电力电子技术. 北京：中国电力出版社，2009.
[14] 薛晓明. 变频器技术及应用. 北京：北京理工大学出版社，2009.
[15] 宋爽，周乐挺. 变频器技术及应用. 北京：高等教育出版社，2008.
[16] 马爱芳. 电机及拖动. 武汉：华中科技大学出版社，2009.